만약에
말이야...
what if ?

What if?: Mind-Boggling Science Questions for Kids by Ehrlich

Copyright ⓒ 1998 by Robert Ehrlich. All rights reserved.

Illustrations ⓒ 1998 by Ed Morrow. All rights reserved.

Korean Translation edition ⓒ 2003 by ECO-LIVRES Publishing Company.

Published by arrangement with John Wiley & Sons, Inc., New York, USA.

via Bestun Korea Agency, Korea.

All rights reserved.

만약에 말이야…
아이들이 던지는 기발한 과학 질문

초판 1쇄 발행일 2003년 5월 10일   **초판 6쇄 발행일** 2014년 6월 20일

지은이 로버트 에를리히 | **옮긴이** 박정숙 | **감수** 김동광
펴낸이 박재환 | **편집** 유은재 이정아 | **관리** 조영란
펴낸곳 에코리브르 | **주소** 서울시 마포구 동교로 15길 34 3층(121-842) | **전화** 702-2530 | **팩스** 702-2532
이메일 ecolivres@hanmail.net | **블로그** http://blog.naver.com/ecolivres | **출판등록** 2001년 5월 7일 제10-2147호
종이 세종페이퍼 | **인쇄·제본** 상지사 P&B

ISBN 89-90048-18-4 43420

책값은 뒤표지에 있습니다.   잘못된 책은 구입한 곳에서 바꿔드립니다.

아이들이 던지는
기발한 과학 질문

만약에
말이
말이야 …

What if?

로버트 에를리히 지음 | 박정숙 옮김 | 김동광 감수

에코
리브르

이 책의 초판을 꼼꼼히 읽고 많은 의견을 나눠준 어린이들에게 감사의 마음을 전한다. 크리스틴 잉글리쉬, 질렌 잭슨, 제니퍼 칼렌본, 사라 샨체. 그리고 조카 리셜 애들러에게 특별한 고마움을 전하고 싶다. 초등학교 교사인 리셜은 이 책을 완성하기까지 아낌없는 도움을 주었다.

감수의 글

오늘날 과학의 중요성을 모르는 사람은 아무도 없을 것이다. 하루가 멀다하고 신문과 TV에서는 새로운 과학적 발견을 다루는 소식이 전해진다. 사실 우리가 살아가는 생활세계는 과학기술을 토대로 삼은 지 오래다. 따라서 우리는, 의식하든 그렇지 않든 간에, 일상적으로 과학기술과 연관된 판단을 내리며 살아야 한다. 그 결정은 이동전화 기종을 결정하거나 슈퍼마켓에서 유전자조작곡물(GMO)을 원료로 사용한 식품을 식별하는 극히 개인적인 수준에서부터 갯벌을 보호할 것인지 아니면 개간할 것인지 결정하는 중요한 판단에 이르기까지 무척 다양한 스펙트럼에 걸쳐 있다. 그리고 이 결정은 현대과학기술 문화 속에서 살아가는 개인과 공동체의 미래에 중요한 영향을 미칠 수도 있다.

그렇지만 하루가 다르게 발전하는 과학을 따라잡기는 쉬운 일이 아니다. 모처럼 결심하고 서점에서 과학서를 집어들어도 이해하기가 쉽지 않다. 대중과학서라 분류한 많은 책들도 상당한 수준의 사전 지식이 필요한 경우가 많기 때문이다.

이 책의 특징은 과학을 정보로 다루기보다는 누구나 품음직한 질문이나 그럴듯한 상황 설정에서 이야기를 시작한다는 점이다. 이를테면, "갑자기 지구가 자전을 멈추면 어떻게 될까?"와 같은 물음은 언뜻 듣기에 단순한 것 같지만 지구가 빠른 속도로 자전을 하고 있다는 정보를 직접 주는 것보다 여러 가지 면에서 장점을 가진다. 우선 질문을 접한 사람은 머릿속으로 지구가 멈추는 모습을 상상하고, 그로 인해 나타날 수 있는 결과를 나름대로 구성해본다. 이처럼 실제로 실험을 해볼 수는 없지만 머릿속에서 가상의 실험을 하는 것을 사고실험(thought experiment)이라고 한다. 사고실험은 상상력 이외에는 제한이 없기 때문에 모든 종류의 상황을 머릿속에서 설정할 수 있고, 저마다 다른 답을 내놓을 수 있다. 물론 자신이 내놓은 답은 맞는 경우보다 틀릴 때가 더 많을 것이다. 하지만 중요한 것은 스스로 물음에 대한 답을 찾으려는 시도이다. 가령 앞의 물음에 어떤 사람은 세상이 좀더 조용해질 것이라고 생각할 수도 있다. 그러나 실제로는 엄청난 태풍이 몰아쳐서 지상에 남아 있는 것이 거의 없게 된다는 흥미로운 결과를 접하면서 지구가 매우 빨리 자전하고 있다는 사실을 이해하게 된다. 이 간단한 물음이 지구의 자전을 아무 의미 없는 죽은 지식에서 구체적이고 생생한 사실로 이해하게 만들어주는 것이다.

과학적 사고는 무미건조한 사실을 머릿속에 쌓아놓는 것이 아니라 흩어져 있는 지식을 구사해서 주어진 물음이나 상황에 대한 해결책을 찾는 적극적인 구성 과정이다. 사실 정보는 우리 주변에 흘러넘친다. 인터넷을 한 번 클릭하기만 해도 수많은 정보들이 쏟아진다. 그러나 정작 중요한 것은 물음이 주어졌을 때 필요한 정보를 찾아서 적절한 해결책을 모색하는 능력이다. 이 책을 통해 여러분이 풍부한 과학적 상상력을 얻기를 바란다.

2003년 4월

김동광

차례

들어가는 글

알베르트는 공부를 별로 잘하지 못했다. 사실, 그를 가르치던 교사 중 한 명은 그 아이가 성공하기는 틀렸다고 말했다. 알베르트는 주변 세상에 관한 공상에 잠기곤 했고, 스스로에게 이상한 질문만 던졌다. 예를 들어, 손전등 불빛을 비추면서 그 뒤를 쫓아가면 어떻게 될지 궁금해 했다. 만약 아주 빨리 이동할 수 있다면 그 불빛을 따라잡을 수 있을까? 빛만큼 빠르게 움직일 수 있다면 무엇을 보게 될까? 빛이 정지한 것처럼 보일까? 알베르트는 어른이 된 후 상상만 했던 이런 실험들을 기억해냈다. 그리고 이 기억은 그가 만들어낸 가장 유명한 학설 ─상대성 이론─의 기초가 되었다. 알베르트 아인슈타인(1879~1955)은 지금 가장 위대한 과학자 중 한 사람으로 인정받고 있다.

알베르트 아인슈타인이 상상했던 실험과 "만약에(what if?)"라는 질문들은 그가 우주에 관해 배울 수 있었던 소중한 방법이었다. 다른 많은 과학자들 역시 세상의 법칙을 알기 위해 스스로에게 "만약에"라고 질문했다. 여러분은 지금까지 스스로에게 "달이 떨어지면 어떻게 될까?"라고 질문해본 적이 있는가? 과학자 아이작 뉴턴은 그 질문을 300여 년 전에 했다. 그리고 그 질문은 뉴턴이 '만유인력의 법칙'을 발견할 수 있도록 이끌었다.

과학은 책에서 찾는 것이 아니다. 과학은 질문하고, 실험하고, 어떤 일이 벌어지는지를 눈으로 목격함으로써 우리 세상에 대해 배우는 방법이다. 과학자들은 세상의 탐험가들이다. 비록 과학자가 되고 싶지는 않더라도, "만약에"라는 질문은 아주 재미있을 것이다. 어둠 속에서 사물을 볼 수 있다거나, 하늘을 날 수 있다면 어떻게 될지 상상해본 적 있는가? 외계인과 통신을 시도해본 적 있는가? 공룡이 다시 나타난다면? 이 책 속의 놀라운 질문들 중 일부이다. 각각의 질문에 간단한 서술문으로 답한다. 그 다음 대답 뒤에 숨어 있는 과학적인 사실을 자세히 다루고 있다. 상자 안의 내용은 재미있는 사실, 직접 할 수 있는 간단한 실험, 그리고 여러분이 질문할지도 모르는 더욱 재미있는 질문 등이다. 이 책의 마지막에서 여러분은 어쩌면 직접 "만약에" 질문을 생각해낼지도 모르겠다. 그 질문들은 여러분을 장래 위대한 발견으로 이끌거나 심지어 사람들이 세상에 관해 생각하는 방식을 바꾸게 할 수도 있다.

1장

파랗고, 커다란 빙빙 도는 공
지구

공중에 사과 한 개를 던져보자. '퉁!' 무엇이 사과를 떨어뜨릴까? 그것은 중력이다. 중력은 물체와 다른 물체가 서로를 끌어당기는 힘이다. 물체가 무겁고 크기가 클수록 이 힘 역시 커진다. 지구는 어마어마하게 커서 그 위에 있는 모든 것을 지구 중심 방향으로 끌어당긴다. 여러분이나 여러분이 공중에 던진 사과, 그리고 공기까지도. 즉 우리가 대기라고 부르는 지구를 감싼 공기층은 중력에 의해 아래로 끌어당겨진다.

인력이라고도 부르는 중력은 지구와 태양 사이에서도 나타난다(모든 물체 사이에서 보편적으로 작용하는 인력을 만유인력이라한다). 하지만 걱정하지 말아라. 지구가 태양에 끌려 들어가지는 않을 테니까! 지구는 궤도라 부르는 둥근 길을 따라 태양 주위를 공전한다. 지구가 태양을 한 바퀴 돌기 위해서는 1년이 걸린다. 이 힘 때문에 지구는 일정한 거리를 유지하며 태양 주위를 돈다. 태양 주위를 공전하면서 지구는 또한 하루에 한 번 축(가운데를 관통하는 상상의 선)을 중심으로 자전한다.

지구 속으로 구멍을 판다면 어떻게 될까

만약 짜그라지지 않았다면 엄청난 열을 느낄 것이다. 지구의 중심은, 그 중심을 둘러싸는 외부의 무게에 의해 끊임없이 짓눌리고 있다. 그 무게의 힘은 사방에서 안쪽을 향한다. 따라서 지구의 중심은 매우 뜨겁다. 3,000도 이상 올라간다. 앗 뜨거!

사실, 지구 한가운데는 너무 뜨거워서 중심핵을 이루는 철은 액체가 되어버렸다. 펄펄 끓는 물 속에서 구멍을 파려고 노력하는 모습을 상상해보라. 이제 지구

다운, 두-비-두-다운-다운

지구에서, 여러분과 반대쪽에 사는 사람들에게는 어떤 방향이 아래쪽일까? 지구는 거대한 공처럼 생겼는데 그들은 떨어질 위험이 있을까? 아니다. 왜냐하면 이 거대한 지구의 어느 곳에 있든 '아래'라 부르는 방향은 지구의 중심을 향하기 때문이다. 중력은 모든 사람들을 지구의 중심으로 잡아당긴다. 그림을 보아라. 지구의 한쪽에 있는 사람은 반대편 사람의 관점에서 보면 거꾸로 서 있는 모습이다. 이제 그림을 돌려보아라. 이제 똑바로 서 있던 사람들이 거꾸로 서 있는 모습이 된다. 아무도 지구에서 떨어지지 않는다.

속으로 구멍을 판다는 것이
어떤 뜻인지 이해할 수
있을 것이다.

거꾸로 서 있는 사람은
아무도 없답니다.

　어느 누구도 14킬로미
터 이상 구멍을 팔 수 없
다. 가장 깊은 구멍도
지각의 끝까지 도착
하지 못했다. 지각의
평균 두께는 약 30킬로미터
이다. 지구의 한쪽에서 다른 쪽(지구의
지름)까지 거리가 약 1만 2,800킬로미터임을
감안한다면 결코 깊은 구멍이 아니다. 만약 지구
가 농구공만하다면 지구에서 가장 깊은 구멍이라 해도 공의 겉조차
뚫지 못한 셈이다.

특별한 파이프를 이용하면 어떻게 될까

지구 속에 넣어도 녹지 않는 특별한 파이프를 사용한다 해도 더 큰 문제를 만날 것
이다. 지구의 가장 안쪽, 핵은 액체로 변한 철이다. 여러분은 결코 그것을 파낼 만한
도구를 찾을 수 없다. 비록 아주 강력한 도구를 찾았다 할지라도 분명히 그 도구를
찌그러뜨리려는 엄청난 중력과 싸워야 한다.

정말 지루하군!

지질학자들은 지구에서 가장 깊은 구
멍을 파는 사람들이다. 그들은 지각 내
부의 암석 표본을 수집하기 위해 약 13
킬로미터 깊이의 시추공(borehole)
을 뚫는다(여기서 bore은 '구멍을 뚫
다'란 뜻이다. 참고로 bore에는 '지루
하게 하다'라는 뜻도 있다).

지구의 한가운데를 꿰뚫는 구멍 속으로 돌을 던지면

어떻게 될까

깊은 우물 속으로 돌을 던져봤자 흥미로운 일은 일어나지 않는다. 결국 돌이 떨어지는 소리만 들을 수 있을 테니까. 그러나 지구의 한가운데를 꿰뚫는 상상의 구멍 속으로 돌을 던진다면 얘기가 달라진다. 실제로는 중심에 있는 액체 상태의 핵 때문에 지구 속을 꿰뚫지 못한다는 사실을 앞에서 배웠다. 하지만 만약 구멍

지구의 맞은편에서 친구가 그 돌을 잡지 못하면 어떻게 될까

여러분의 친구가 야구를 아주 잘하길 바란다. 구멍 밖으로 갑자기 튀어나오는 공을 잡기 위해서는 빠르게 행동해야 하기 때문이다. 돌은 구멍 입구에 겨우 도착한다. 그 상상의 고무줄은 돌을 처음 놓기 직전처럼 팽팽하게 늘어난 상태. 만약 친구가 제때에 돌을 잡지 못하면 어떤 일이 일어나리라 생각하는가? 그렇다! 돌은 다시 지구 중심을 통과해 되돌아간다. 돌이 지구의 한쪽에서 반대쪽까지 도착하는 데는 약 2시간이 걸린다. 둘 중 어느 누구도 돌을 움켜쥐지 못할 경우 요요—지구에서 가장 굉장한 요요로군!—처럼 계속 구멍 속에서 오간다. 결국 돌은 마찰 때문에 속도를 늦추고 지구 한가운데에서 멈출 것이다. 마찰이란 운동하려 하거나 운동하고 있는 물체와 다른 물체의 맞닿는 면에서 그 운동을 방해하는 힘이 작용하는 현상이다.

을 뚫었고 그 속으로 돌을 던졌다면 어떻게 될
까? 돌은 점점 더 빠르게 아래로 떨어진다. 지구의
중심까지는 중력이 끌어당기기 때문에
아주 빠르게 이동한다. 심지어 우
주선보다 더 빠르게!

"2시간 후에찾아봐"

돌이 지구 중심을 통과하
면 재미있는 일이 일어난
다. 중심을 지난 돌은 지
구의 반대쪽에 점점 더
가까워진다. 이제 돌은
떨어지는 것이 아니라
반대쪽 표면으로 올라가
는 것이다. 그러나 돌은 곧
속도가 떨어진다. 중력이 지
구의 중심으로 돌을 잡아당기기
때문이다.

왜 그럴까? 고무줄을 잡아당기는 것과 비교
해서 중력을 생각해보자. 고무줄 한 끝이 지구의
중심에 묶여 있고 다른 한 끝에는 돌이 매달려 있
다고 상상해보자. 돌을 잡아당겼다가 놓으면 고무줄은 돌을 가운데
로 잡아당긴다. 돌이 지구 중심을 지나 반대편 표면을 향해 갈수록
고무줄은 다시 팽팽해진다. 따라서 돌은 다시 지구 중심으로 잡아
당겨진다.

21

지구가 네모났다면 어떨까

지구가 네모났다면 여행사들은 '지구 구석구석까지' 여행 상품을 판매할 수 있을 것이다. 사각형 모서리 네 개는 마치 커다란 산처럼 보일 것이다. 상상이 가는가?

좋다. 지구가 정사각형 상자이고, 여러분은 그 위를 걷는 개미라고 상상해보자. '아래'는 항상 상자의 중심을 향하고 있다. 만약 여러분이 상자의 한쪽 면, 한 가운데에 서 있다면 땅은 여러분이 볼 수 있는 곳보다 더 먼 곳까지 평평하다.

이제 여러분이 작고 가냘픈 다리로 상자 귀퉁이를 향해 걷기 시작했다고 상상

나는 지구를 손에 넣었다

중력이 사각형 행성을 어떻게 둥글게 만들 수 있을까? 사각형 찰흙 덩어리를 예로 들어보자. 여러분의 손바닥이 중력이라고 상상해보자. 마치 엄청난 중력처럼 찰흙의 모든 곳에 힘을 가해라. 얼마 동안 그렇게 하면 찰흙 덩어리는 둥글게 변하기 시작한다. 힘을 오랫동안 가할수록 찰흙 덩어리는 더욱 예쁜 공 모양이 될 것이다. 물론, 힘을 아주 약하게 가하면 모양은 크게 변하지 않는다. 이처럼 중력이 매우 강한 힘이 아니라면, 행성이 다른 모양으로 변하기 시작해도 둥글게 되지는 않을 것이다.

해보자. 귀퉁이로 가까이 갈
수록 여러분은 점점 더
가파른 산을 올라가는 기분을
느낄 것이다. 상자의 모
서리가 바로 산의 꼭대
기다.

　지구를 비롯한 모
든 행성이 사각형이 아
니라 둥근 이유가 있을
까? 그것은 바로 중력
때문이다. 중력은 지구
상의 모든 것을 가운데
로 잡아당긴다. 뿐만 아니라 지구
스스로도 중심으로 잡아당긴다. 중력은 상상
할 수 없을 정도로 맹렬하게 모든 것을 잡아당긴다. 지구
가 만약 정사면체나 낙지 모양으로 변하려 해도 중력 때문에 다시
공 모양으로 바뀔 것이다. 하지만 완벽한 공 모양은 아니다. 자전
때문에 지구는 가운데가 조금 불룩하다.

행성 X, Y, Z……
정말로 작은 행성(이들은 대개 아홉
개의 행성에 포함되지 않는다)들이
존재한다. 이들을 소행성이라 한다.
이들은 중력이 매우 약하며 모양이 둥
글지 않고 마치 지구의 돌처럼 이상한
형태를 띠고 있다. 중력이 너무 약해
서 모양을 바꾸지 않은 것이다.

what if?

북극에서 살 수 있다면 어떨가

낮이 6개월, 밤이 6개월 계속된다. 6개월의 길고 긴 낮 동안 여러분은 자지 않고 계속 놀고 싶을지도 모르겠다. 그리고 다음 6개월의 길고 긴 밤에는 곰처럼 겨울잠을 자고 싶겠지. 쿨쿨!

왜 그럴까? 지구는 지축을 기준으로 하루에 한 번 자전한다. 이 축은 태양을 따

극 탐험

북극에서는 어떻게 6개월 동안이나 낮이 계속될까

부엌 식탁에 작은 램프를 놓아라. 램프를 태양이라고 하자. 램프와 같은 높이로 지구본을 들어라. 기울어진 축을 중심으로 지구본을 돌리면서 동시에 커다란 원을 그리며 램프 주위를 돌아라(실제로 지구는 1년에 365회 자전하면서 태양을 한 번 돈다). 원을 그리며 돌 때, 북극에 램프의 불빛이 도착하는 때와 그림자 속에 있는 때를 관찰하라. 북극은 원을 도는 시간의 절반 동안은 램프로부터 어떤 빛도 받지 못한다는 사실을 발견할 것이다. 이것이 6개월 동안의 밤이다. 나머지 6개월 동안 북극은 램프로부터 빛을 받는다. 이것이 6개월 동안 계속되는 낮이다.

북극과 남극은 왜 항상 추울까

6개월 동안 지속되는 극지방의 밤은 영하 60도 이하이다. 그런데 햇빛이 6개월 동안 내리쬐는 낮은 왜 찌는 듯 덥지 않은 걸까? 극지방에서는 태양이 하늘 높이 올라가지 않기 때문이다. 태양이 낮게 떠 있으면 햇빛은 땅을 비스듬한 각도로 비추게 된다. 그래서 땅을 뜨겁게 데우지 못하는 것이다.

라 도는 지구의 궤도 때문에 약간 기울었다. 지축이 통과하는 두 지점이 북극과 남극이다. 지구는 매일 자전하면서 1년 동안 태양 주위를 여행한다. 이때 북극은 반 년 동안 태양을 바라보게 되고 나머지 반 년 동안은 반대 방향을 바라보게 된다. 따라서 북극은 6개월 동안은 낮이고 나머지 6개월 동안은 밤이 되는 것이다('극 탐험' 실험에서 확인하라).

만약 북극에 서서 하늘을 올려다보면 무엇을 볼 수 있을까? 머리 위에 위치한 한 점을 중심으로 하늘 전체가 24시간마다 한 바퀴씩 도는 것처럼 보인다. 이해를 돕기 위해 천장을 쳐다보아라. 그리고 천장에 해, 달, 별들이 떠 있다고 상상하라. 여러분이 빙빙 돌면 천장의 모든 것도 도는 것처럼 보인다.

여러분이 북극에 산다면 낮인 6개월 동안은 태양이 뜨거나 지는 모습을 볼 수 없다. 태양은 하늘에서 24시간마다 원을 그릴 뿐이다. 그러다가 다음 6개월 동안은 지평선 아래로 사라진다. 그러나 여전히 24시간마다 원을 그리고 있다.

what if?

지구가 자성을 띠지 않으면 어떻게 될까

여러분은 캠핑에서 길을 잃을지도 모른다. 지구가 자성(磁性)을 띠지 않으면 나침반 바늘은 북쪽을 가리킬 수 없을 것이다. 또 북아메리카, 남태평양, 동해, 서인도제도 같은 말도 생기지 않았을 것이다.

자석 두 개를 갖고 놀아본 적이 있는가? 자석의 양끝에는 보통 N과 S라고 적

동쪽, 서쪽, 남쪽, 북쪽?
중국의 매다는 나침반(hanging compass)은 어떻게 만들까

중국인들은 역사상 최초로 약 1,000년 전에 자성을 이용했다. 그럼, 나침반을 한번 만들어보자. 먼저 바늘을 자석의 한 끝에 대고 약 20~30회 정도 같은 방향으로 문질러라. 이때 바늘에 찔리지 않도록 조심해라. 바늘은 자성을 띤다. 확인하기 위해 바늘을 핀에 가까이 가져가보라.

이제 실을 적당히 잘라 한 끝을 바늘 가운데에 묶고 실의 다른 끝은 연필에 묶어라. 연필을 유리컵에 걸쳐두어라. 유리컵은 바늘을 안으로 늘어뜨렸을 때 자유롭게 흔들릴 수 있을 정도로 속이 넓어야 한다. 바늘이 멈추면 북쪽과 남쪽을 가리킬 것이다.

혀있다. 그것은 N극과 S극을 의미한다. 만약 자석의 N극끼리 서로 가까이 놓거나, S극끼리 가까이 놓으면 자석들은 서로 밀어낸다. 하지만 N극을 S극 가까이 놓으면 서로 끌어당긴다. 철, 니켈, 코발트를 포함하는 물체는 자석이 될 수 있다. 자석 끝을 금속 클립 근처에 가져가라. 자석은 클립을 잡아당길 것이다. 그러나 자석을 동전 근처에 가져가면 어떤 힘도 발휘하지 못한다. 클립은 철로 만들었다. 하지만 동전은 구리로 만들었으며, 구리는 자성을 갖지 않는다.

왜 나침반의 바늘은 북쪽을 가리킬까? 지구의 중심핵에 있는 금속은 지구를 거대한 자석처럼 만든다. 그리고 나침반의 바늘도 작은 자석이다. 나침반의 한쪽 끝은 지구가 띠는 자석의 N극에 끌리고 S극에는 밀린다. 나침반의 다른 쪽 끝에서는 반대의 경우가 일어난다. 이것이 바로 나침반 바늘이 북극과 남극을 향하는 이유이다. 따라서 우리는 어느 쪽이 북쪽인지 알 수 있다.

동물 자석

비둘기는 길을 찾기 위해 지구의 자력을 이용한다. 자기교란이 일어나는 지역에서는 나침반이 북극을 가리키지 못하기 때문에 비둘기들도 아주 혼란스러워하며 집으로 가는 길을 못 찾을지도 모른다.

정확한 북극

지구 자석의 북극과 남극은 지리적인 북극, 남극(지축이 있는 곳)과 같은 장소가 아니다. 서로 수백 킬로미터 떨어진 곳에 위치한다.

지구가 아주 빨리 돈다면 어떻게 될까

아주 튼튼한 밧줄로 여러분을 지구에 묶어야 한다. 그렇지 않을 경우 우주로 날아가 버릴 수 있다.

지구는 매일 자전축을 중심으로 완벽하게 한 바퀴 돈다. 하지만 너무 느리게 돌기 때문에 우리는 그 사실을 알아차리지 못한다. 이제 지구가 지금보다 훨씬 더 빨리 돈다고 가정해보자. 상상을 돕기 위해 놀이터의 회전 놀이 기구를 떠올

돌고 돌고, 돌고 돌기
회전의 영향

부엌에서 레이지 수잔(lazy Susan 식탁 중앙에 양념이나 조미료 등을 올려놓고 회전시킬 수 있도록 만든 쟁반으로 18세기 미국에서 사용되었으며, 영국의 덤 웨이더(Dumb Waiter)를 발전시킨 것이다) 같은 회전 쟁반을 찾아라. 가운데에 동전을 몇 개 올려놓아라. 가장자리에도 몇 개를 흩어놓아라. 회전 쟁반을 돌리기 전에 어떤 동전이 가장 먼저 날아갈지 추측해보아라.

아마도 축(중앙)에서 가장 먼 곳에 있는 동전(가장 가장자리에 있는 동전)이 제일 먼저 날아갈 것이다.

려라. 누군가 그 기구를 세게 돌린다면 어떻게 될까? 기구가 빨리 돌 때는 손잡이에 꼭 매달려 있어야 한다. 그렇지 않을 경우 날아가 버릴 것이다.

만약 지구가 17배 더 빨리 돈다면—즉, 하루에 17번 돈다면—적도(지구 가운데를 중심으로 그은 상상의 선)에 있는 것(그리고 사람도)은 날아가 버릴 것이다. 적도가 지축에서 가장 먼 곳이기 때문에 제일 먼저 날아가는 것이다.

지구가 하루에 17번 돌 때, 여러분이 적도 근처를 탐험하고 있다고 가정해보자. 여러분은 우주 공간으로 날아가는 것을 막기 위해 몸을 지구에 단단히 동여매야 한다. 하지만 지축인 북극이나 남극 근처에 서 있는 사람은 어떤 차이도 느끼지 못할 것이다(그러나 사실 지구가 정말로 그렇게 빨리 돈다면, 바닷물과 공기가 모두 우주로 흩어지고 말 것이다. 때문에 사람들은 어디에 살든 모두 큰 곤란을 겪을 것이다).

what if? 지구가 갑자기 멈춘다면 어떻게 될까

여러분은 심장이 멎는 듯한 기분을 느낄 것이다. 지구가 갑자기 자전을 멈춘다면, 여러분을 비롯해서 지구 위의 모든 물체는 엄청난 속도로 동쪽으로 날아갈 것이다. 적도에서는 그 속도가 무려 시속 1,600킬로미터나 된다!

어떻게 그런 일이 일어날 수 있을까? 적도 근처에서는 지구의 자전 때문에 매

지구를 멈추세요. 나는 내리고 싶어요
만약 지구가 자전을 멈춘다면 어떤 일이 일어날까

회전 쟁반 가장자리에 빈 음료수 캔을 올려놓아라. 회전 쟁반을 천천히 돌리기 시작해서 점점 더 빠르게 돌린다. 자, 갑자기 쟁반을 멈춰라. 아마도 캔은 앞으로 넘어질 것이다.

캔을 가운데 쪽으로 점점 가까이 놓으면서 같은 실험을 여러 번 반복해라. 캔이 가운데에서 멀수록 넘어질 가능성이 높다. 만약 캔을 가운데에 놓고 갑자기 회전을 멈춘다면 어떤 일이 일어날지 추측해본 뒤 실험을 통해 결과를 확인해라.

일 물체가 약 4만 킬로미터를 움직인다. 시간당 1,600킬로미터라는 엄청난 속도로 이동하는 셈이다. 따라서 지구가 갑자기 자전을 멈추면 모든 물체는 여전히 같은 속도로 동쪽을 향해 움직이려 한다.

여러분이 자동차를 타고 가다가 갑자기 차가 멈출 때를 생각해보자. 몸이 앞으로 쏠리는 느낌을 받을 것이다. 이것은 자동차가 멈췄는데도 여러분은 여전히 앞으로 이동하려 하기 때문에 나타나는 현상이다. 우리가 안전벨트를 매는 이유도 자동차가 갑자기 멈출 때 앞으로 쏠리는 것을 막기 위해서이다.

계속 전진한다!

영국의 과학자 아이작 뉴턴(1462~1727)은 모든 움직이는 물체는 외부로부터 속력을 떨어뜨리는 힘이 작용하지 않는 한 계속 움직이려 한다고 생각했다. 물체의 이런 특성을 관성이라 한다. 뉴턴은 외부에서 작용하는 힘이 없다면 정지하고 있는 물체는 계속 정지 상태를 유지하려 하고, 움직이는 물체는 같은 속도, 같은 방향으로 계속 움직이려 한다(관성의 법칙)고 설명했다.

회전하는 물체의 경우도 마찬가지다. 만약 속력을 줄이는 방해물이 없다면, 그 물체는 영원히 계속 회전할 것이다. 하지만 손으로 멈춰 세우지 않아도 회전하는 물체가 멈춘다는 사실은 모두 알고 있다. 마찰에 의해 멈추는 것이다. 마찰이란 한 물체가 또 다른 물체와 맞닿는 접촉면—공기와 물체가 맞닿아 있는 것처럼—에서 운동을 저지하려는 현상을 의미한다. 자전거 앞바퀴를 들어 돌려보아라. 마찰 때문에 바퀴는 결국 멈추고 만다.

우리의 지구는 어떨까? 결국 멈출까? 공기와 조수에 의해 나타나는 아주 작은 마찰이 있다. 공기와 물은 육지와 마찰하고, 또 서로 마찰한다. 이런 마찰 때문에 지구는 아주 서서히 속도가 떨어지고 있다. 지구는 매일 지축을 기준으로 한 번 돈다. 따라서 지구의 자전이 늦어지면 하루도 조금씩 길어진다. 하지만 늦어지는 속도가 너무 하찮아서 '낮'은 100만 년 뒤 2~3초가 길어질 뿐이다.

지구 전체가 물로 덮인다면
어떻게 될까

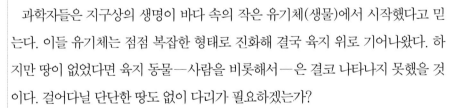

"그래, 어디를 가든 물밖에 없어. 이런 곳에서 우리가 무엇으로 진화할 수 있겠어?"

만약 지구 전체가 물로 덮여 있다면—엉엉엉—여러분은 이 책을 읽지 못할 것이다. 꿀꺽 꿀꺽! 만약 책을 읽고 있다면 여러분은 아마 영리한 물고기일 것이다.

과학자들은 지구상의 생명이 바다 속의 작은 유기체(생물)에서 시작했다고 믿는다. 이들 유기체는 점점 복잡한 형태로 진화해 결국 육지 위로 기어나왔다. 하지만 땅이 없었다면 육지 동물—사람을 비롯해서—은 결코 나타나지 못했을 것이다. 걸어다닐 단단한 땅도 없이 다리가 필요하겠는가?

오늘날 지구 표면의 3분의 2 이상이 물—호수, 강, 바다 등—로 덮여 있다. 지구본을 돌려보아라. 전혀 땅을 찾아볼 수 없는 곳이 나타난다. 어째서 지구 전체가 물로 덮이지 않았을까? 지구가 완벽한 공 모양이 아니기 때문이다. 완벽한 공 모양이었다면 지구의 모든 부분은 수백 미터 깊이의 물로 뒤덮였을 것이다. 하지

?

비가 멈추지 않는다면 어떻게 될까

지구가 가진 물의 수위가 올라가서 육지를 덮지 않을까?

비는 가끔 홍수를 일으키기도 하지만 전체 수위가 올라가지는 않는다. 그렇다면 비는 왜 올까? 증발 때문이다. 증발은 호수나 바다의 표면에서 물이 기체로 변해 공기 속으로 들어가는 현상을 말한다. 따라서 비는 지표면 전체 물의 양에는 영향을 미치지 않는다. 다만 물을 한 장소에서 다른 장소로 옮길 뿐이다. 비의 이런 움직임을 '물의 순환'이라 한다.

만 지구는 매끄럽지 않기 때문에, 약간 튀어나온 부분이 물 위로 솟아 땅이 만들어졌다.

만약 지구가 현재보다 2배나 많은 물을 갖는다면, 모든 것이 물 속에 잠기게 된다. 물의 양이 그보다 조금 적더라도 가장 높은 산꼭대기만 물 밖으로 나타날 것이다. 산꼭대기는 작은 섬이 될 것이다. 하지만 걱정하지 말아라. 실제로 이런 일은 불가능하다. 아무리 비가 많이 오더라도 말이다.

생명의 물질

지구는 태양계 안에서 표면에 액체 상태의 물을 가진 유일한 행성이다. 목성의 위성 중 하나인 유로파는 표면 아래에 바다가 존재할지도 모른다.

?

지구 온난화가 계속되어 북극과 남극 근처 얼음이 모두 녹으면 어떻게 될까

비록 이런 일이 일어난다 해도 바다는 약 9미터 정도만 올라간다. 그러나 바다 근처에 사는 사람들은 해수면 상승으로 커다란 문제를 겪는다. 뉴욕과 샌프란시스코 같은 해안도시는 바다 속으로 가라앉을 것이다. 하지만 물 속에 가라앉은 땅은, 땅 전체를 생각하면 큰 면적이 아니다. 게다가 그런 일은 일어날 가능성이 거의 없다.

2장

하늘에서 개구리가 내린다
날씨와 기후

날씨는 날마다 변한다. 기후는 특정 지역의 평균적인 기상 상태를 말한다. 예를 들어, 사막에서는 가끔 비가 내리기 때문에 아주 건조하다. 지구상의 어떤 지역―특히 지구의 적도 근처―은 1년 내내 기후 변화가 거의 없다. 북극이나 남극으로 가까이 갈수록 계절 사이의 차이는 더욱 극단적으로 변한다. 기온의 변화는 태양 광선에 의해 일어난다. 태양은 고도가 낮은 겨울보다 하늘 높이 솟는 여름에 땅을 더 뜨겁게 달군다. 태양열은 또한 공기를 팽창시키고 이동시켜 바람을 만든다. 허리케인, 사이클론, 토네이도 등을 비롯한 거대한 폭풍은 공기 덩어리가 저기압 주위를 돌기 시작하면서 일어난다. 폭풍과 그 밖의 날씨 변화를 위성으로 추적할 수 있다. 과학자들은 위성과 컴퓨터를 이용하여 2~3일 뒤의 날씨를 상당히 정확하게 예측한다. 하지만 그보다 더 긴 기간에 걸친 기후 변화는 예측하기가 쉽지 않다. 지구의 기후는 대부분 느리게 변화하지만 갑작스러운 기후 변화—예를 들어, 지구가 거대한 운석에 맞았다든가 하는 경우—가 일어날 수도 있다.

지구가 커다란 운석에 맞으면 어떻게 될까

운석은 우주에서 날아든 바위 덩어리가 지구 대기에서 전부 타지 않고 지상에 떨어지는 것을 말한다. 만약 커다란 운석이 지구와 충돌하면 그 모습을 보기는 어렵겠지만 충격은 느낄 것이다. 운석은 아마도 바다에 떨어질 것이다. 지구 표면의 3분의 2 이상이 바다로 덮여 있기 때문이다. 운석이 바다에 떨어지면 어마어마한 파도가 일 것이다.

하지만 우주에서 지구로 날아든 바위 덩어리는 거의 지표면에 도착하지 못한다. 지구는 대기권이라는 가스층으로 둘러싸여 있다. 지구의 대기권을 통과하는 운석은 마찰 때문에 뜨거워진다. 작은 운석은 결국 지표면에 다다르기 전에 불타 없어진다. 이것을 유성(별똥별)이라 한다. 우리는 1년에 몇 차례 하늘을 가로지르며 빠르게 이동하는 유성을 볼 수 있다.

거대한 운석이 지구를 강타하면 아주 커다란 폭발을 일으킬 수 있다. 그러나

"심심해 이제껏 지구에는 아무 일도 일어난 적이 없어"

아무리 거대한 운석이라도 지구를 제 궤도에서 이탈시키지는 못한다. 지구가 무척 크기 때문이다. 예를 들어, 지름이 16킬로미터인 운석이 지구와 충돌한다고 가정해보자. 지구의 지름은 그보다 약 800배 더 크다. 따라서 작은 먼지 한 조각이 야구공을 때리는 것과 같다. 그러나 거대한 운석은 지구 기후에 영향을 미친다. 만약 거대한 운석이 지표면을 때린다면, 많은 먼지가 생겨난다. 이 먼지는 대기권 속으로 올라가 햇빛을 막을 것이고, 그 결과 지구의 온도는 지금보다 낮아질 것이다.

만약 운석이 아주 크다면, 햇빛을 자그마치 2년이나 가로막을 수 있다. 이는 식물, 동물, 그리고 사람에게 아주 나쁜 소식이다. 사람들은 추위를 피해 실내에 머물 수 있다. 하지만 식물은 햇빛이 없으면 자랄 수 없고, 따라서 사람들은 식량을 구하기가 힘들 것이다. 과학자들은 6,500만 년 전, 지구에 떨어진 거대한 운석이 공룡을 비롯한 여러 동물들을 멸종시킨 원인이라고 믿는다.

그런 일이 오늘날에도 일어날 수 있을까? 가끔 지구 곁을 씽 지나는 거대한 운석을 발견한다. '아슬아슬하게 지나친' 운석 숫자에 기초하여 과학자들은 5,000년마다 거대한 운석이 지구와 충돌할 수 있다고 생각한다. 하지만 이것은 5,000년마다 한 번씩 운석이 지구를 강타할 가능성이 있다는 뜻일 뿐이다. 또 어떤 과학자들은 지구로 다가오는 거대한 운석들을 빈틈없이 경계해야 한다고 주장한다. 만약 아직 먼 거리에 있는 운석이 지구로 다가오는 것을 발견하면 거대한 폭탄으로 폭파할 수 있을지도 모르니까.

우주에서 온 바위를 뭐라고 할까

과학자들은 우주에서 날아온 암석을 세 종류로 분류한다. 우주에 있을 때는 유성체, 대기권에는 들어왔지만 지표면에 닿기 전에 불타 없어진 것은 유성(별똥별), 하늘에서 모두 불타지 않고 지표면에 떨어졌을 때는 운석이라 한다.

하루가 1년이라면
어떻게 될까

여러분이 사는 곳에 따라 모든 것이 타버리거나 꽁꽁 얼 것이다. 지구는 매일 한 바퀴 자전한다. 그리고 365일 동안 태양 주위를 한 바퀴 공전한다. 그래서 1년은 365일이 되는 것이다. 하지만 지구가 태양 궤도를 돌면서 자전을 365번 하는 대신 겨우 한 번 한다고 상상해보자. 그럴 경우 하루가 곧 1년이다.

만약 하루가 1년 동안 계속된다면, 지구는 늘 같은 면이 태양을 향하게 된다 (왜 이런 일이 일어나는지 알아보기 위해 '가장 긴 날' 실험을 참고하라). 즉 지구

가장 긴 날
어떻게 하루가 1년이나 계속될 수 있을까

부엌 식탁 한가운데에 작은 램프를 놓아라. 이 램프를 태양이라고 하자. 지구본(또는 공)을 잡고 태양 주위를 크게 원을 그리며 돌아라. 지구본이 태양 주위를 돌 때, 같은 면이 늘 태양을 향하도록 주의하면서 천천히 돌아라. 여러분이 태양 주위를 한 바퀴 돌 때 지구본도 축을 기준으로 정확하게 한 번 도는 것을 발견할 것이다.

의 한쪽 면은 낮이 계속되고, 다른 쪽은 밤이 계속되는 것이다. 이는 지구의 기후에도 엄청난 영향을 미쳐 지구가 '태양을 향하는' 밝은 면은 극도로 뜨거워지고, 어두운 면은 극도로 추워질 것이다.

두 지역에 사는 사람들은 아마도 짐을 꾸려서 두 지역이 만나는 좁은 경계 지역으로 이사를 가야 할 것이다. 지구를 둘러싸는 얇은 원 모양의 이 경계 지역만이 얼어죽거나 타죽지 않고 살 수 있는 유일한 장소인 것이다. 또한 이 경계 지역에만 유일하게 물이 존재할 것이다. 지구의 뜨겁고 밝은 지역에서는 물이 모두 증발하여 공기 중으로 들어갈 것이다. 강한 바람이 수증기를 머금은 이 공기를 어두운 지역으로 몰아가고, 그 지역에서는 수증기가 얼어붙어 눈으로 내릴 것이다.

하루가 1년 동안 계속될 수 있을까? 지구의 자전은 점점 느려지고 있다. 하지만 늘 같은 면이 태양을 향할 정도로 느려지지는 않을 것이다. 하지만 한 달에 한 번 자전할 정도로는 느려질 수 있다(그러면 항상 같은 면이 달을 향하게 될 것이다). 하지만 그런 일은 지금부터 몇 백만 년이 지난 후에야 가능하다.

봄·여름·가을·겨울이
없다면 어떨까

여러분은 여름 방학이 언제 시작하는지 알 수 없다. 만약 계절이 바뀌지 않는다면 사는 곳이 어디든 1년 내내 같은 온도일 것이다. 마치 지구의 적도 주변처럼 말이다. 평균 온도가 지금과 같다면 겨울은 지금보다 더 따뜻하고, 여름은 더 시원할 것이다. 식물은 1년 내내 잘 자랄 것이다. 철새들도 이동(겨울에 머물 따뜻한 곳으로 여행)할 필요가 없어질 것이다.

계절은 어떻게 바뀌는 걸까?

어떤 사람들은 지구가 태양의 주위를 정확한 원을 그리며 돌지 않기 때문이라고 생각한다. 지구는 태양에 좀더 가까울 때도 있고, 좀더 멀 때도 있다. 즉 1년 동안 지구에서 태양까지의 거리가 실제로 변한다. 하지만 그것이 계절이 바뀌는 이유는 아니다. 진짜 이유는 지축이 기울었기 때문이다. 북반구(지구 적도를 기준으로 북쪽 절반)의 여름은 북반구가 태양을 향해 기울어 있을 때다. 이때 태양의 고도가 높아서 햇빛은 거의 일직선으로 비친다. 적도 아래쪽(남반구)에 사는 사람들은 북반구 사람들이 여름을 보낼 때 겨울을 보낸다. 겨울에는 태양의 고

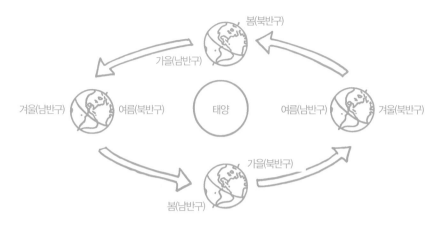

도가 낮다. 이때 햇빛은 지구를 비스듬한 각도로 비춘다. 이 각도 때문에 햇빛은 여름만큼 뜨겁지 않다. 6개월이 지난 후 지구가 태양 궤도의 반대편에 위치하면 북반구는 겨울을, 남반구는 여름을 맞이한다.

만약 지축이 기울지 않았다면 계절은 바뀌지 않을 것이다. 태양 주변 어느 궤도에 위치해 있든 햇빛은 같은 양으로 지구를 데울 것이다. 그리고 여러분이 사는 곳의 날씨도 결코 크게 바뀌지 않을 것이다.

끝없는 여름

적도 근처에서는 태양이 1년 내내 하늘 높이 떠 있어서 늘 무덥다. 그래서 이 지역에서는 봄·여름·가을·겨울 대신 우기와 건기가 있다. 우기는 습기를 머금은 바람이 바다에서 불어올 때 나타난다. 반대로 건기는 육지에서 바다로 바람이 불 때 나타난다.

what if?

개나 고양이가
비오듯 내리면
어떻게 될까

개나 고양이가 머리 위로 떨어지는 것을 막기 위해 아주 강력한 우산이 필요할 것이다. 영어권 사람들은 비가 세차게 내릴 때 "고양이와 개가 내린다(It's raining cats and dogs)"라는 표현을 쓴다. 이 표현이 그렇게 말도 안 되는 얘기는 아니다. 어떤 사람들(동화책에 나오는 사람들만이 아니라)은 하늘에서 물고기나 개구리가 내리는 모습을 실제로 목격했다.

　어떻게 이런 일이 일어날 수 있단 말인가? 토네이도로 설명할 수 있다. 토네이도 또는 트위스터(회오리바람)는 자동차, 심지어 집 전체를 공중으로 들어올릴 만큼 격렬하게 빙글빙글 도는 깔대기 모양의 바람을 일컫는다. 호수 위에서 일어난 회오리바람은 많은 물을 들어올릴 수 있다. 그래서 물 속의 물고기와 개구리까지 하늘로 올라간다. 잠시 후, 이들은 뚝 떨어진다. 토네이도는 물고기와 개구리를 몇 킬로미터 떨어진 다른 지역에 떨어뜨릴 수도 있다. 그래서 물고기가 '내리는' 것이다.

때때로 하늘에서 다른 놀라운 것들이 떨어질 때도 있다. 우박은 완두콩이나 그보다 더 큰 크기의 얼음 덩어리들이다. 우박은 빗방울이 언 채 그대로 내릴 때 발생한다. 빗방울은 절대 이만큼 커질 수 없다. 그러나 우박은 포도송이 크기까지도 가능하다. 얼음 알갱이가 대기권을 통과하며 떨어질 때 다른 얼음 알갱이가 계속 더해지기 때문이다. 안전모를 착용했더라도 포도송이 만한 우박이 내릴 때는 밖으로 나가지 않는 것이 좋겠다.

커다란 얼음 덩어리도 그렇지만 운석도 조심해야 한다. 처음에 과학자들은 하늘에서 바위가 떨어진다는 얘기를 믿지 않았다. 그런 얘기를 하는 사람들은 미쳤다고 생각했다. 하지만 지금 우리는 그 이야기가 진실임을 알고 있다. 우주에는 수십억 년 전 태양계(우리 태양과 태양 주변 궤도를 도는 행성들의 무리)가 형성될 때 남은 많은 암석들이 있다.

사람들이 날씨를
조종할 수 있다면 어떻게 될까

홍수가 나는 일도, 눈이 오지 않아 스키 여행을 취소할 필요도 없다. 여름은 몸이 흐느적거릴 정도로 덥지도 않을 것이다. 잠깐! 만약 여동생은 뜨거운 여름을 좋아하는 반면, 이웃 사람은 계속 비가 내리길 원한다면 어떻게 할 것인가? 매우 복잡한 문제다.

　과학자들이 날씨를 통제할 수는 없지만 구름이 많이 생성되었을 때 비를 내리

돔(둥근 지붕) 속의 집:바이오스피어 2(Biosphere 2)

거대한 돔으로 하늘을 둘러싼다면 그 안에서는 날씨를 통제하는 것이 가능하다. 애리조나 사막 한가운데에 바이오스피어 2라는 돔이 있다. 바이오스피어 2는 인간이 과연 지구의 생물권—대기권과 생태계—을 흉내내서 인위적으로 창조할 수 있는지, 그리고 그 안에서 사람들이 외부로부터의 공급(산소와 물을 비롯해서) 없이 살 수 있는지를 실험하기 위해 1991년에 건설했다.

바이오스피어 2에는 지구의 다섯 가지 생태계—사막, 대초원(사바나), 늪(습지대), 바다, 열대우림—의 축소 모형이 있다. 심지어 산호초까지 있다. 남녀 8명이 약 2년 동안 바이오스피어 2에 머물렀다. 그러나 이 실험에 참가한 사람들은 탄산 가스의 증가와 산소 부족으로 생활할 수 없었고, 결국 좋은 성과를 얻지 못했다. 이제 그 돔은 환경과 인간이 자연에 미치는 영향을 연구하는 데 이용하고 있다. 하지만 만약 사람들이 살 수 있는 완벽한 밀폐 환경을 만들 수 있다면, 인간은 달이나 화성에서도 지구와 똑같은 생태계를 누리며 살 수 있을 것이다.

게 할 수는 있다. 구름은 작은 물방울이 모여 하늘에 떠 있는 것이다. 비는 이 물방울들이 서로 결합하여 더 큰 물방울로 변해 하늘에서 내린다. 과학자들은 특정한 화학 약품을 구름 속에 넣어 비를 내릴 수 있다. 그 화학 약품은 구름 속 물방울을 서로 뭉쳐 더 큰 물방울을 만들고, 결국 하늘에서 떨어지게 만든다. 하지만 이런 방법은 아주 넓은 지역에 걸쳐 행하기가 어렵고 비용도 많이 든다.

과학자들은 비를 만드는 것 외에 홍수나 강력한 폭풍이 발생하는 것을 예방하고 싶을지도 모른다.

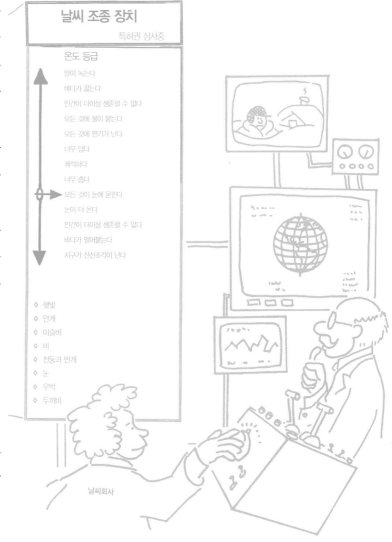

날씨 조종 장치
특허권 심사중

온도 등급

땅이 녹는다
바다가 끓는다
인간이 더이상 생존할 수 없다
모든 것에 불이 붙는다
모든 것에 연기가 난다
너무 덥다
쾌적하다
너무 춥다
모든 것이 눈에 묻힌다
눈이 더 온다
인간이 더이상 생존할 수 없다
바다가 얼어붙는다
지구가 산산조각이 난다

◇ 햇빛
◇ 안개
◇ 이슬비
◇ 비
◇ 천둥과 번개
◇ 눈
◇ 우박
◇ 두꺼비

날씨회사

태풍(허리케인)은 바다 위 넓은 지역에서 공기가 소용돌이치며 만들어지는 매우 거대한 폭풍이다. 아직 태풍이 어떻게 시작되는지 정확히 알지 못하기 때문에 언제 어디서 발생할지 예측하기가 어렵다.

what if?

만약 기후가 훨씬 더워지면 어떻게 될까

만약 지구의 모든 지역이 수천 년에 걸쳐 조금씩 따뜻해진다면, 식물과 동물은 그 변화에 적응할 수 있을 것이다. 그러나 지구가 빨리 뜨거워진다면 어떻게 될까?

지구가 다음 100년 동안 더 뜨거워지면, 일부 식물과 동물 종은 더 서늘한 지역으로 이동할 수 있다. 그러나 일부는 멸종할지도 모른다.

많은 과학자들은 지구의 기후가 너무 빨리 뜨거워진다고 걱정한다. 그래서 너무 늦기 전에 무슨 조치를 취해야 한다고 주장한다. 그러나 지구 전체의 기후가 얼마나 뜨거워졌는지 정확히 알아내기는 쉽지 않다. 기온은 장소와 계절에 따라 달라진다. 만약 지구가 뜨거워지는 중이라면, 지금까지는 많이 올라가지 않았다.

지구는 왜 따뜻해지는 걸까? 지표면이 태양에 의해 뜨거워지면 그 열은 모두 달아나지 않는다. 열의 일부는 이산화탄소(CO_2는 이산화탄소의 화학식이다) 같은 가스들에 의해 대기권에 갇힌다. 이 이산화탄소가 담요와 같은 역할을 해서 지구는 밤에도 따뜻할 수 있는 것이다. 이런 현상이 어느 정도는 좋다. 열이 모두 달아난다면 지표면의 온도는 영하가 될 것이고 우리는 안락하게 살 수 없기 때문이다.

하지만 석탄, 석유, 가스 등 화석 연료를 태워 전기와 열을 계속 생산하기 때문에 대기권에는 이산화탄소의 양이 점점 증가하고 있다. 마치 지구가 점점 더 두꺼운 담요를 두르는 것과 마찬가지다. 따라서 지구는 과열될 수 있다.

100% 이산화탄소
드라이크리닝만
하세요

하늘이 늘 흐리면
어떻게 될까

만약 하늘이 늘 흐리다면 지표면에 도착하는 햇빛의 양은 줄어들고 비는 더 많이 내린다. 햇빛이 줄고 비가 많이 내리면 지구상에서 자라는 식물의 종류는 달라질 것이다. 이것은 지구의 모든 생명에 영향을 미친다. 그러나 중요한 점은 우리가 우주에 관해 알기 어렵다는 사실이다. 만약 하늘이 늘 두꺼운 구름으로 덮여 있다면, 우리는 별에 관하여 알 수 없다. 심지어 태양과 달에 관해서도 아는 것이 없을 것이다. 우리는 지구가 둥글다는 사실조차 깨닫지 못할 수도 있다.

아주 오래 전, 사람들은 지구가 평평하다고 생각했다. 약 2,000년

그림자 놀이

지구가 둥근지 알아보기 위해 그림자를 이용해보자

같은 키의 장난감 병정을 서너 개 준비하라. 지구본(또는 공)의 각각 다른 지점에 그 병정들을 테이프로 붙여, 세워놓아라. 부엌 식탁 한가운데에 지구본을 놓고 약간 위에서 램프를 비춰라. 지구본의 어디에 놓였는지에 따라 다른, 장난감 병정의 그림자 길이를 측정하라. 이제 평평한 상자 한 면에 장난감 병정들을 세워놓아라. 상자에서 높이 떨어진 위에서 빛을 비춰라. 그들의 그림자는 모두 같은 길이일 것이다. 만약 지구가 평평하다면, 우리 그림자의 길이는 지구 어디에서든 변하지 않을 것이다.

생명은 살아남을 수 있을까

만약 늘 날씨가 흐리다면 생명이 살아남지 못할 거라고 생각할 수도 있다. 하지만 반드시 그런 것은 아니다. 구름은 햇빛을 차단하므로 대개는 지구의 온도를 낮춘다. 하지만 열이 달아나지 못하도록 막는 담요 같은 역할도 한다. 만약 구름 층이 너무 두껍지만 않다면 지구의 온도는 지금보다 많이 낮아지지 않을 것이고, 오히려 좀더 높아질 수도 있다. 그리고 충분한 빛이 지구에 도달해 많은 식물이 자랄 수 있을 것이다.

전, 그리스에 살았던 에라토스테네스란 사람은 지구의 둘레를 측정하는 방법을 발견하여 지구가 둥글다는 사실을 보여주었다. 그는 지구의 서로 다른 지점에서 막대기의 그림자 길이가 다르다는 사실을 보여줌으로써 자신의 주장을 증명했다. 이를테면, 태양이 머리 위에서 똑바로 내리쬐는 곳에 여러분이 서 있다고 상상해보자. 그림자가 전혀 생기지 않을 것이다. 이제 두 친구가 아주 멀리 떨어져서 각각 다른 장소에 서 있다고 상상해보자. 지구가 둥글기 때문에 친구들은 서로 길이가 다른 그림자를 가질 것이다. 만약 하늘이 늘 흐리다면 어느 누구도 그림자를 갖지 못할 것이고 위의 실험은 효과가 없다('그림자 놀이' 실험을 참고하라).

하늘이 늘 흐렸더라면, 사람들은 지구 탐험도 할 수 없었을 것이다. 배로 여행하던 시절, 선원들은 배가 어디로 이동하는지 알기 위해 별의 위치를 참고했다. 별을 볼 수 없었다면 선원들은 아마 육지에서 아주 먼 곳까지 여행하지 않았을 것이다. 그들이 되돌아가는 길을 찾지 못할까 걱정하거나, 지구가 평평하다고 생각했다면 '지구 가장자리'에서 떨어질까봐 걱정했을 것이다.

또 우주 여행은 꿈도 꾸지 말아라. 구름 너머 하늘에 달과 별이 있다는 사실조차 몰랐을 것이다. 따라서 로켓을 쏘아올릴 이유가 없다. 어떤 우주 비행사도 푸르고 희고 커다랗고 둥근 지구의 사진을 갖고 돌아오지 못할 것이다.

3장

물질에 무슨 일이 있는가
힘과 에너지

물질은 모든 물체를 이루는 재료이다. 만약 물질을 계속 나누면 물질의 본래 특성을 유지하는 가장 작은 단위인 분자를 얻는다. 이 분자를 쪼개면 원자를 얻을 수 있다. 원자는 모든 물질을 구성하는 기본적인 요소이다.

물질은 고체, 액체, 기체 등 세 가지 형태가 있다. 고체는 고정된 형태를 지니고 있으며 그 형태를 유지하려 한다. 찰흙을 예로 들 수 있다. 액체는 그것을 담은 그릇에 따라 모양이 달라지며, 유동체다. 고체나 액체는 압력을 가하더라도 부피가 크게 변하지 않는다. 기체 역시 유동체다. 하지만 일정한 부피를 갖지는 않는다. 기체 상태의 분자는 액체나 고체 상태에서만큼 서로 가깝게 묶여 있지 않기 때문이다. 기체의 분자는 넓게 퍼질 수 있고 따로따로 날아갈 수도 있다. 그것은 기체가 고체나 액체보다 훨씬 가볍기 때문이다.

　이 세 가지 형태의 물질은 모두 에너지를 갖는다. 에너지는 일을 할 수 있는 능력이라 정의할 수 있다. 에너지는 만들어지거나 파괴될 수 없다. 오직 하나의 형태에서 다른 형태로 변화할 뿐이다. 움직이는 물체가 갖는 에너지를 운동 에너지, 위치나 상태 때문에 얻는 에너지를 위치 에너지라 일컫는다. 폭포의 물은 높은 곳에서 떨어지면서 위치 에너지를 잃고 운동 에너지를 얻는다. 다른 형태의 에너지로는 열, 전기, 빛 등이 있다. 지구상의 대부분의 에너지는 원래 태양에서 받는 빛에서 얻는다.

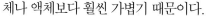

물체가 떨어지지 않고 올라간다면

what if?

어떻게 될까

여러분은 떨어뜨린 물건을 다시 줍기가 힘들 것이다. 열쇠, 돈, 공, 사탕 등 무엇이든 공중에 떠다닐 테니까. 어쩌면 사람들은 놓친 물건을 잡기 위해 잠자리채를 들고 다녀야 할지도 모른다. 하지만 반중력(중력과 반대되는 힘)에는 재미있는 면도 있다. 평범한 융단을 마법의 융단처럼 타고 날아다닐 수 있을 테니까.

인간이 실제로 달에 도착하기 오래 전, 작가 쥘 베른(1826~1905)은 《지구에서 달까지(De la Terre à la Lune)》를 발표했다. 그 소설에서는 반중력 물질을 이용해 달까지 여행한다. 아무도 그런 물질이 실제로 존재할 수 있다고 생각하지

재미있는 헬륨 풍선
공기는 헬륨보다 얼마나 더 무거울까

헬륨을 가득 채운 풍선을 구해라. 풍선에 1미터 길이의 끈을 묶고, 그 끝에 5센티미터 간격으로 클립을 끼워라. 풍선을 잡은 손을 놓고 풍선이 클립을 몇 개까지 들어올리는지 세어보아라. 클립의 무게는 공기가 헬륨 풍선보다 얼마나 더 무거운지 알려준다. 헬륨 풍선이 크면 클수록 더 많은 클립을 들어올릴 수 있다.

거대한 헬륨 풍선을 사용하여 우주 여행을 할 수 있을까

현재 로켓을 우주로 쏘아올리기 위해서는 엄청난 에너지와 돈이 필요하다. 만약 거대한 헬륨 풍선에 우주선을 매달 수 있다면 우주 여행은 공짜로 할 수 있을 것이라 생각할지도 모르겠다. 우주선은 저절로 올라갈 테니까. 안 그런가? 하지만 불행하게도 헬륨 풍선을 이용한 우주 여행은 불가능하다. 헬륨 풍선은 자신과 매달린 우주선이 주변 공기보다 가벼워야 공중으로 올라갈 수 있다.

다시 한번 바다를 생각해보자. 나무 토막은 물 표면까지만 올라간다. 물 밖으로 올라갈 수는 없다. 대기권은 위로 올라갈수록 공기가 점점 희박해지고 가벼워진다. 계속 올라가면 공기는 사라질 것이다. 따라서 헬륨 풍선(심지어 우주선이 달려 있지 않다 할지라도)은 공기가 풍선 속의 헬륨보다 무거운 곳까지만 하늘로 올라갈 수 있다. 그것은 겨우 몇 킬로미터밖에 안 된다. 헬륨 풍선은 결국 공기가 존재하지 않는 우주 속으로 물체를 나를 수 없다.

않는다. 만약 반중력 물질이 있었다고 해도 누군가 붙잡아 놓지 않는 한 우주로 날아가 버렸을 테니까.

그렇지만 잠깐, 기다려라! 공중으로 올라가는 물질이 있다. 헬륨이라는 기체다. 물론, 헬륨을 가득 채운 풍선은 반중력 때문에 하늘로 올라가는 것은 아니다. 공기는 기체고, 우리는 대기권이라는 공기의 '바다' 밑바닥에 살고 있다는 사실을 기억해라. 실제 바다에서도 물보다 가벼운 물체(나무처럼)는 가라앉지 않고 떠오른다. 헬륨 풍선도 같은 방법으로 올라간다. 헬륨은 공기보다 가볍기 때문이다. 헬륨 풍선은 심지어 거기에 매달린 물체를 들어올릴 수도 있다. 매달린 물체에 헬륨 풍선을 더한 무게가 주변 공기보다 가볍다면 말이다. 거대한 헬륨 풍선은 여러분도 들어 올릴 것이다.

물체가 서로 통과할 수 있다면 어떻게 될까

가장 멋진 일은 여러분이 마치 유령처럼 벽을 통과할 수 있다는 것이다. 만약 부모님께서 "숙제를 다 끝내기 전에는 네 방에서 나오면 안 돼"라고 명령하셔도 여

"엄마, 보세요. 구멍이 나지 않았잖아요."
철사가 얼음을 통과하는 실험을 해보자

사각형 그릇에 물을 채워 냉동실에 넣어라. 물이 완전히 얼었다면 그릇에서 얼음을 빼내라(그릇을 따뜻한 물 속에 넣으면 얼음은 쉽게 빠져나올 것이다). 의자 두 개의 등받이가 서로 마주보게 하여 조금 떨어뜨려 놓아라. 의자 사이에 넙적한 자를 걸쳐놓고, 그 위에 얼음을 올려놓아라. 그리고 길고 가는 철사를 구해 양끝에 망치를 각각 매달아라. 얼음 덩어리 위에 철사를 걸쳐라. 이제 망치는 각각 양쪽으로 늘어져 있다. 잠시 기다리면 철사가 얼음을 자르지 않고 내려가는 모습을 볼 수 있다. 철사가 아래로 내려가는 것은 무거운 철사의 힘이 그 아래 얼음을 녹이기 때문이다. 어떤가! 철사는 구멍을 남기지 않는다. 철사가 통과한 후 얼음이 다시 얼기 때문이다. 여러분이 스케이트를 탈 때도 같은 현상이 나타난다. 스케이트 날은 강한 압력으로 얼음판을 녹여 홈을 만든다. 곧이어 녹았던 부분이 다시 언다.

러분은 스르르 닫힌 문을 통과해 집 밖으로 나올 수 있다. 나쁜 점은 손이 물체를 통과하기 때문에 아무리 노력해도 잡을 수 없다는 사실이다.

현실에서 단단한 물체는 형태가 쉽게 변하지 않는다. 하나의 단단한 물체가 또 다른 물체를 통과하면 그것이 통과한 자리에는 구멍이 남는다. 이를테면 나무에 못을 박았다가 빼내면, 그 자리에 구멍이 나는 것과 마찬가지다.

대부분의 사람들은 유령의 존재를 믿지 않는다. 하지만 유령처럼 벽에 구멍을 남기지 않고 통과하는 물질이 있다. 구전(球電 ball lightning)이라는 아주 희귀한 종류의 번개로 공처럼 생겼다. 구전은 폭풍이 치는 동안 나타나는 보통의 번개보다 훨씬 느리게 이동한다. 또 보통의 번개와는 달리 물체를 통과해도 해를 끼치지 않는다. 실제로 몇몇 사람들은 구전이 어떤 흔적도 남기지 않고 집 벽이나 비행기를 뚫고 지나가는 모습을 목격했다. 과학자들은 구전이 어떻게 발생하는지 확실히 알지 못한다. 언제 일어날지도 예측할 수 없다.

물이 증발하지 않으면 어떻게 될까

물갈퀴를 준비해라. 물이 증발하지 않으면 우리는 바다 속에서 살게 된다. 물이 모두 지표면 위에만 있고, 공기 속에는 없다면 비는 절대로 내릴 수 없다. 비는 호수나 바다에서 물이 증발하여 내리는 것이다. 비는 식물이 자라고 공기를 깨끗이 하는 데 꼭 필요하다. 비가 오지 않는다면, 시냇물과 강물은 바싹 마른다. 따라서 물이 증발하지 않는다면, 지구의 생명체는 커다란 호수나 바다에서만 살 수 있을 것이다.

증발이란 액체(예를 들어, 물)가 기체(수증기)로 변하는 현상을 말한다. 다른 모든 물체와 마찬가지로 물은 분자라고 부르는 작은 입자로 구성되어 있다. 액체 상태에서 물 분자는 마치 댄서처럼 모든 방향으로 이동한다. 하지만 춤추는 분자는 옆 분자와 부딪힐 정도로 서로 가까이 있다. 서로를 끌어당기는 강한 힘 때문이다. 하지만 물을 가열하면 분자가 더욱 빨리 움직인다. 마치 록 콘서트 장의 댄서들처럼 말이다. 결국, 몇몇 매우 빨리 움직이는 분자는 이탈하여 증기 상태로 공중으로 올라간다.

여러분이 강아지 한 무리를 잡고 있다고 상상해보자. 강아지들은 따로따로 가죽끈에 묶여 있다. 가장 흥분한 강아지─앞뒤로 가장 빠르게 움직이는 강아지─는 결국 가죽끈을 끊고(또는 힘에 부친 여러분이 끈을 놓쳐서) 자유롭게 뛰어갈 것이다. 같은 방법으로 가장 빠르게 움직이는 물 분자들은 다른 물 분자들에서 벗어나 증발한다.

"찰깍"

what if? 물방울이 아주 커지면 어떻게 될까

1단계

물 →

풍선 만한 크기의 물방울을 상상해보라. 한 방울만 맞아도 흠뻑 젖을 것이다. 어쩌면 부상당할 수도 있다.

빗방울이 풍선만큼 커질 수 있을까? 비는 구름 속 아주 작은 물방울에서 시작한다. 물방울이 떨어지면서 다른 물방울과 부딪혀 점점 더 커진다. 커다란 빗방울은 내려오는 도중에 다른 빗방울과 많이 부딪혔다는 뜻이다. 하지만 빗방울은 절대로 풍선만큼 커질 수 없다. 일단 빗방울은 일정한 크기가 되면 떨어지게 되고, 공기를 지나면서 다시 부서진다.

물은 서로 끌어당기는, 분자라고 부르는 작은 입자로 구성되어 있다. 빗방울 혹은 다른 물방울은 현재 물 분자가 가지는 힘보다 훨씬 더 큰 힘으로 서로를 끌어당길 때에만 풍선만큼 커질 수 있다. 그렇게 큰 힘이 존재한다고 가정해보자. 여러분은 수도꼭지를 틀고 싶지 않을 것이

2단계

← 물

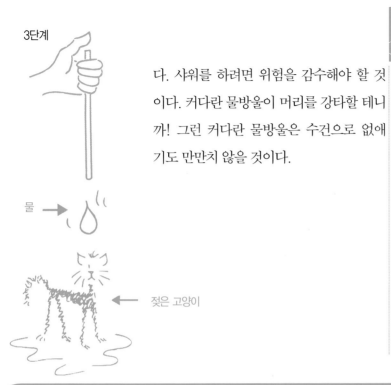

3단계

물 →

젖은 고양이

다. 샤워를 하려면 위험을 감수해야 할 것이다. 커다란 물방울이 머리를 강타할 테니까! 그런 커다란 물방울은 수건으로 없애기도 만만치 않을 것이다.

목이 마르다구요?

아무리 큰 빨대를 준비해도, 커다란 물방울을 빨대로 먹기란 거의 불가능하다. 물풍선을 유지가 감겨 있던 종이감개 안으로 통과시키려는 모습을 상상해보아라.

물의 힘
빨대로 물을 옮기는 방법

물이 들어 있는 그릇에 빨대를 넣어라. 빨대를 물 밖으로 꺼내면 그 안의 물은 아래로 흘러내릴 것이다. 물이 아래로 흘러내리면 빨대 위쪽으로 공기가 들어가서 물이 있던 자리를 채운다. 이번에는 물 속에 빨대를 넣은 후 엄지손가락으로 빨대 꼭대기를 막아라. 그러면 빨대를 물 밖으로 꺼내도 물은 여전히 빨대 안에 들어 있다. 엄지손가락을 꼭대기에서 떼지 않는 한 빨대 안의 물은 그대로 있을 것이다. 공기가 빨대 안으로 들어갈 수 없기 때문이다. 물 분자는 서로를 끌어당기고 빨대 밑바닥에서 들어오는 공기를 막아낸다. 만약 물 분자 사이의 힘이 지금보다 훨씬 강하다면 더 많은 물 분자가 뭉칠 수 있다. 따라서 보통 빨대보다 훨씬 더 넓은 빨대로 실험을 해도 물은 쏟아지지 않을 것이다. 심지어 물컵을 거꾸로 든다 해도 그 안의 물이 그대로 있을지도 모른다.

물이 위로 흐른다면
어떻게 될까

"물이 위로 흐를 때도 있어요. 분수를 본 사람이라면 물이 위로 흐르는 모습을 다 보았을걸요"라고 여러분은 주장할 수도 있다. 하지만 분수는 물을 솟아오르게 하기 위해 펌프를 이용한다. 외부에서 힘이 가해지지 않으면 물은 중력 때문에 위쪽이 아니라 아래쪽으로 흐른다.

물은 증발 작용의 결과로 공중에 올라간 수증기가 하늘에서 비나 눈으로 변한 후 다시 땅으로 내려와 강이나 시내가 된 것이다. 폭포에서 떨어지는 물은 많은 에너지를 갖고 있다. 물이 떨어질 때 생기는 운동 에너지를 이용하면 또 다른 형태의 에너지, 즉 전기 에너지를 만들 수 있다. 폭포 바닥으로 떨어진 물이 저절로 꼭대기까지 올라갈 수 있다고 생각해보자. 만약 그런 일이 일어난다면, 비나 눈이 내려 흐른 물이 폭포에 다다를 때까지 기다릴 필요 없이 공짜로 원하는 양의 전기를 얻을 수 있을 것이다.

폭포 바닥의 물이 꼭대기까지 올라가게 하기 위해서는 물을 위로 끌어올리는

흘러내리는 밧줄

두꺼운 밧줄이나 빨랫줄을 준비해라. 밧줄의 대부분은 식탁 위에, 끝의 일부는 바닥에 놓이게 한다. 식탁 위의 밧줄 중간쯤을 들고 그 밑에 연필(또는 펜)을 넣은 후 들어올려라. 그러면 밧줄은 위로 올라가 연필 위를 지나 바닥으로 '흐를' 것이다. 이 현상은 밧줄이 전부 바닥에 놓일 때까지 계속 될 것이다.

펌프가 필요하다. 만약 완벽한 펌프가 존재한다면 물을 꼭대기까지 끌어올릴 때 사용한 전기량은 떨어지는 물에 의해 만들어진 전기량과 같을 것이다. 그러나 완벽한 펌프란 존재하지 않는다. 어느 정도의 에너지는 항상 열로 바뀌어 버려진다. 떨어진 물을 폭포 꼭대기까지 다시 올리기 위해서는 떨어지는 물이 만들어내는 전기보다 더 많은 에너지가 필요하다.

여러분은 사이펀을 이용하여 물이 위로 올라가게 할 수 있다. 사이펀이란 물이 들어 있는 채로, 한쪽 끝이 물이 들어 있는 용기에 잠겨 있고, 다른 쪽 끝도 물이 들어 있는 또 다른 용기에 놓인 튜브를 말한다. 만약 두 용기의 수위가 다를 경우, 물은 수위가 높은 용기에서 튜브를 타고 올라가 낮은 용기 쪽으로 흐른다.

사이펀은 어떻게 물을 위로 빨아올릴까? 튜브 안의 물을 밧줄이라고 생각해보자. 수위가 낮은 용기 안에 있는 밧줄에서 물 밖으로 빠져나온 밧줄의 길이는 수위가 높은 용기 쪽에서 빠져나온 밧줄의 길이보다 길다. 따라서 낮은 쪽 물 밧줄이 더 무겁다. 무거운 쪽의 밧줄은 떨어지면서 다른 쪽 밧줄을 잡아당긴다. 물 분자 사이에서 작용하는 힘이 분자들을 달라붙게 하기 때문에 그 힘은 물 밧줄이 끊어지는 것을 막아준다.

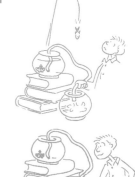

거꾸로 흐르는 폭포, 사이펀 만드는 법

구부릴 수 있는 튜브를 이용하여 직접 사이펀을 만들 수 있다. 튜브의 한쪽을 물이 들어 있는 컵에 담그고, 그 옆에는 아무것도 들어 있지 않은 컵을 놓아라. 물이 가득 들어 있는 컵은 반드시 빈 컵보다 높은 위치에 있어야 한다. 물이 흐를 수 있도록 튜브의 다른 한쪽을 들고 입으로 조금 빨아내라. 그런 후 공기가 들어가지 않도록 엄지손가락으로 재빨리 그 끝을 막아라. 이 끝을 빈 컵 속에 넣어라. 물은 양쪽 컵의 수위가 같아질 때까지 사이펀을 통과하여 흐를 것이다.

4장

사물을 어떻게 볼까
빛과 소리

빛과 소리는 우리가 세상을 알 수 있게 도와준다. 우리는 빛이 물체에 부딪혀(반사) 눈에 도착하거나, 물체가 스스로 빛을 방출할 때 그 물체를 볼 수 있다. 어두운 방에서는 빛을 반사하는 물체는 볼 수 없다. 하지만 백열전구처럼 빛나는 물체는 볼 수 있다. 소리를 들으려면 우리 귀에 음파(소리의 파동)가 도착해야 한다. 빛과 마찬가지로 소리도 반사한다. 우리는 소리의 반사를 메아리라 부른다.

빛과 소리, 모두 에너지의 한 형태다. 둘 다 파동을 통해 움직인다. 연못에 조약돌을 던졌을 때 만들어지는 물결을 그려보아라. 마치 점점 커지는 원의 무리처럼 보인다. 각 원의 가장 높은 지점을 파동의 마루라 한다. 하나의 마루에서 다음 마루까지의 거리는 파장이다. 짧은 파장을 가진 음파는 높은 음으로 들리고, 긴 파장을 가진 음파는 낮은 음으로 들린다. 아주 짧거나 아주 긴 파장의 음파는 인간의 귀로 들을 수 없다. 아주 짧거나 아주 긴 파장의 빛도 인간의 눈으로 볼 수 없다. 너무 길어서 인간의 눈으로 볼 수 없는 파동에는 적외선(때로 열선이라고도 한다), 마이크로파, 전파 등이 있다. 너무 짧아서 인간이 볼 수 없는 파동에는 X선과 자외선이 있다. 이 파동들은 우리 주변에 존재한다. 우리는 비록 이 파동들을 직접 볼 수는 없지만 그 에너지를 이용할 수는 있다.

사물이 모두 같은 색이라면 어떻게 될까

우선 실험을 해보자. TV 리모컨의 컬러 조종 장치를 눌러라. 여러분이 가장 좋아하는 프로그램의 화면을 초록, 빨강, 또는 파란색 등 한 가지 색으로 바꿔라. 프로그램이 여전히 재미있는가? 한 가지 색깔로 이루어진 세상에 익숙해지는가?

TV 속 세상을 한 가지 색으로 바꾸는 것은 별 문제가 안 된다. 하지만 현실에서 그런 일이 일어난다면 여러분은 지루할 뿐만 아니라, 대자연의 질서가 어지러워질 것이다. 동물과 식물은 짝을 유혹하고, 먹을 것을 찾고, 때로는 가까이 오지 못하도록 경고하기 위해 색을 이용한다. 한 가지 색으로 이루어진 세상의 동물과 식물은 이런 일을 위해 다른 방법을 찾아야 할 것이다.

그런데 모든 사물이 한 가지 색으로 보이려면 어떻게 해야 할까? 물체의 색은 부분적으로 그 위에 쪼이는 빛에 따라 달라진다. 만약 오직 한 가지 빛—예를 들어, 빨강—이 물체 위를 비춘다면 그 물체는 다양한 농도의 빨간색으로 보인다. 따라서 만약 태양에서 한 가지 색의 빛이 지구에 도착한다면 지구상의 모든 사물은 그 색으로 보일 것이다.

여러분은 어쩌면 태양에서 지구까지 오직 한 가지 색의 빛이 도착한다고 생각

할지도 모르겠다. 햇빛은 다양
한 색으로 보이지 않으니까. 그럴
까? 사실 햇빛은 온갖 다양한 색으로 이루어
져 있다. 백색광은 무지개의 모든 색을 합한 것이다('무지
개를 단색광으로 되돌리기' 실험을 통해 그 사실을 확인해
보아라). 빛은 파동이며 각각의 색마다 다른 파장을 갖
는다. 즉, 파장에 따라 다른 색으로 보이는 것이다. 물
체가 다양한 색을 띠는 것은 광파(빛의 파동)를 서로
다르게 반사하기 때문이다. 파란색 물체는 주로 파란색
파장을 반사하고, 빨간색 물체 역시 주로 빨간색 파장을 반사한다.
모든 색깔을 똑같은 양만큼 반사하는 물체는 어떻게 보일까? 만약
모든 색깔을 많이 반사한다면 흰색으로 보일 것이고, 적게 반사한
다면 회색으로 보일 것이다.

무지개를 단색광으로 되돌리기
색을 섞어 회색 만드는 법

종이 카드에 지름 약 5센티미터의 원을 그려라. 연필을 이용하여 원을 6등분 해라. 각
칸에 빨간색, 주황색, 노란색, 초록색, 파란색, 보라색을 칠해라. 끝이 날카로운 연필을
이용하여 원 중심에 구멍을 뚫고, 그 구멍에 연필을 끼워라. 이제 손가락으로 카드 가장
자리를 쳐서 빠르게 돌려라. 색깔은 모두 흐려져서 회색빛을 띨 것이다.

낮에도
하늘이 까맣다면
어떻게 될까

우주복을 구해라. 만약 하늘이 까맣다면 숨을 쉬기 위해 우주복을 입어야 할 것이다. 물론 밤에는 하늘이 까맣다. 하지만 낮에도 까만 하늘은 오직 대기권이 없는—달처럼—행성에서만 나타난다. 지구의 하늘은 파랗게 보인다. 빛이 공기를 구성하는 기체를 통과하기 때문이다.

지구의 대기는 두 가지 기체, 즉 우리가 숨쉴 때 필요한 산소, 그리고 질소가 주성분이다. 보통 공기는 색이 없다고 생각한다. 우리는 공기를 통해 물체를 볼

지구의 대기가 지금과 다르다면 어떻게 될까

하늘이 다른 색을 띨지도 모른다. 예를 들어, 우주선에서 화성을 찍은 사진을 보면 분홍빛이 도는 오렌지색이다. 화성의 대기권은 주로 이산화탄소로 구성되어 있다. 그러나 화성의 하늘이 오렌지색인 진짜 이유는 대기권에 존재하는 아주 미세한 붉은 먼지 때문이다. 그렇다고 오렌지색 하늘을 보기 위해 화성까지 갈 필요는 없다. 공기 중의 미세한 먼지는 때로 해질녘 지구의 하늘을 분홍색, 오렌지색, 보라색으로 만들기도 하니까.

수 있으니 말이다. 하지만 햇빛이 많은 양의 공기에 반사될 때, 우리 눈에는 푸른 색으로 보일 것이다.

아주 먼 곳에 있는 산을 본 적 있는가? 산 역시 푸르스름하게 보일 것이다. 사실 여러분은 눈과 먼 산 사이의 공기를 보는 것이다. 산이 멀리 떨어져 있을수록 더 푸르게 보인다. 더 많은 공기를 통해 보기 때문이다.

하늘의 색이 항상 파랗지는 않다. 대기 중에 공기 외에 어떤 물질이 포함되는 가에 따라 달라진다. 오염이 심한 지역의 하늘은 푸르기보다는 희거나 갈색으로 보일 가능성이 높다.

빛이 직진하지 않는다면 어떻게 될까

여러분은 아마 등뒤에서 일어나는 일을 볼 수 있을 것이다. 만약 누군가 뒤에서 살금살금 다가와도 그 사실을 미리 알아차릴 수 있다. 휙 뒤돌아서 오히려 상대방을 깜짝 놀라게 만들 수도 있을 것이다.

만약 빛이 직진하지 않는다면 물체를 돌아 구부러질 수 있다. 여러분 뒤에 있는 물체에서 반사된 빛은 여러분을 돌아 여러분의 눈에 도착할 수 있을 것이다. 잘 생각해보면 이것은 바로 소리가 이동하는 방식이다. 여러분은 뒤쪽에 있는 라디오 또는 다른 방에서 나는 소리를 들을 수 있다. 소리는 직진하여 여러분의 귀에 도착한 것이 아니다.

왜 빛은 직진하는 반면, 소리는 그렇지 않을까? 빛과 소리는 모두 파동이며, 생성된 곳에서부터 퍼져나가지 않던가. 연못에 돌을 던져보아라. 그러면 돌이 물속으로 들어간 지점에서부터 생겨난 원이 점점 퍼지는 모습을 볼 수 있다. 빛과 소리도 그런 방식으로 퍼져나간다. 물결은 물 위 작은 나뭇가지와 부딪히면, 그 주변으로 돌아나갈 것이다. 그것이 음파가 이동하는 원리다. 하지만 물결이 커다란 물체를 만난다면, 막혀서 돌아나갈 수 없다. 그것은 바로 빛이 이동하는 원리다. 보통 빛은 사물의 주위를 돌아나가지 못한다. 빛이 마주치는 대부분의 장애물이 빛의 파장보다 더 크기 때문이다.

빛을 구부리는 방법이 한 가지 있다. 여러분도 아마 여러 번 보았을 것이다. 물이 든 유리컵에 빨대를 넣어본 적 있는가? 빨대는 구부러져 보일 것이다. 이것은 굴절 작용 때문이다. 굴절은 빛의 방향이 변하는 현상이다. 이런 현상은, 빛이 공기에서 물 속으로 또는 유리컵 속으로 들어갈 때처럼 하나의 매체에서 다른 매체로 들어갈 때 일어난다. 빛은 공기를 통과할 때보다 물 속이나 유리컵을 통과할 때 더 느리게 이동한다. 따라서 물이나 유리컵으로 들어갈 때 빛이 구부러지는 것이다 (굴절 작용 실험에서 그 사실을 확인해보아라).

굴절 작용
빛은 어떻게 구부러지는가

투명한 유리컵에 빨대, 연필, 또는 길고 가는 물체를 넣어라. 컵 안에 물을 반쯤 채워라. 이제 그 컵을 탁자 위에 놓고, 탁자와 같은 높이에서 유리컵을 보아라. 마치 빨대나 연필이 수면을 기준으로 꺾여 있는 것처럼 보일 것이다. 굴절이 일어난 것이다. 유리, 카메라, 돋보기를 이용하면 빛의 굴절이 일어난다. 렌즈가 빛의 방향을 바꿔놓는 것이다.

what if?

빛이 아주 천천히 움직인다면

어떻게 될까

TV를 켜고 뉴스를 볼 때마다 과거에 일어난 사건을 볼 것이다. 빛이 느리게 움직일 때의 생활 모습이다. 여러분은 어떤 일이 일어나고 오랜 시간이 지나야 비로소 그 일을 볼 수 있다. 여러분은 과거에 사는 셈이다.

현실 세상에서 빛의 속도는 그 무엇보다 빠르다. 1초에 약 30만 킬로미터를 이동한다. 여러분이 눈 깜박하는 사이에 빛은 약 3만 2,000킬로미터를 가는 것이다. 우리가 사물을 보려면 빛이 물체에서 우리 눈까지 이동해야 한다. 빛이 물체에서 우리 눈까지 너무도 빠르게 이동하기 때문에, 지구상에서 사물을 볼 때 시간 지연은 거의 나타나지 않는다.

하지만 거대한 망원경을 통해 아주 멀리 떨어진 별을 보고 있다고 해보자. 여러분은 사실 그 별의 아득한 과거의 모습을 보는 셈이다. 우주 저 멀리 떨어진 물체의 빛은 우리에게 도착하기까지 오랜 시간이 걸린다. 그런 경우 우리는 정말로 오래 전에 일어난 상황을 보는 것이다.

그렇다. 빛은 빠르게 이동한다. 하지만 느려질 수는 없을까? 이 책 서문에서 언급한 어린 소년을 기억하는가? 빛을 쫓아가려고 생각했던 소년 말이다. 그 소년은 빛의 속도는 절대 변하지 않는다는 것을 알게 되었다. 그 소년이 바로 알베르트 아인슈타인이다. 그는 상대성 이론이라는 세계를 놀라게 한 개념을 생각해냈다. 그의 이론에 따르면 공간을 이동하는 빛의 속도는 항상 같다. 하지만 물체가 아주 빨리 이동할 때는 시간과 길이도 변한다.

거의 빛의 속도로 이동하는 자동차를 볼 수 있다면

아인슈타인의 주장에 따르면, 그 자동차는 길이가 줄어 보인다. 또한 자동차 안의 모든 움직임은 슬로 모션으로 보일 것이다. 만약 자동차가 조금 더 빨리 속도를 낸다면 차의 길이는 더욱 줄어 아무것도 없는 것처럼 보이고, 시간은 거의 정지한다. 그러나 이런 변화는 그 차가 지나는 모습을 볼 수 있는 사람에게만 일어난다. 자동차 안에 있는 사람에게는 모든 것이 정상이다.

가장 기이한 것은 상상할 수 있는 가장 강력한 로켓 엔진을 자동차에 장착한다 해도 그 차는 빛보다 더 빨리 갈 수 없다는 것이다. 아인슈타인은 그 어떤 것도 빛보다 더 빨리 갈 수 없다고 말했다.

what if? 소리를 볼 수 있다면 어떨가

여러분의 머릿속은 그림으로 가득 찰 것이다. 눈으로 보는 사물의 모습과 귀로 듣는 소리의 모습 때문에 뒤죽박죽 될 것이다. 우리는 소리를 실제로 볼 수는 없지만 사진으로 만들 수는 있다.

의사들은 어머니 뱃속에 있는 아기의 사진을 찍기 위해 초음파라는 음파를 이용한다. 초음파는 아주 짧은 파장을 갖고 있어 우리 귀로는 들을 수 없다. 초음파의 파동은 어머니의 몸 속을 뚫고 들어가 아기의 몸에 부딪혀 튀어나온다. 그리고 음파를 사진으로 바꾸는 기계에 도착한다. 이것은 뼈나 치아를 찍기 위해 X선이라는 광선을 이용하는 방법과 비슷하다(X선에 관한 더 자세한 사항은 다음 쪽 'X선이란'을 참고하라).

박쥐와 돌고래는 인간보다 재능이 풍부한 '소리 예술가'이다. 박쥐는 인간이 들을 수 없는 초음파로 찍찍 소리를 계속해서 낸다. 돌고래는 어두운 바다 속으로 삐걱삐걱(녹슨 문의 경첩 소리와 비슷하다) 소리를 내보낸다. 찍찍 소리와 삐걱삐걱 소리는 물체에 부딪혀 다시 박쥐와 돌고래에게 되돌아온다. 메아리(반향)가 되돌아오는 시간을 근거로 박쥐와 돌고래들은 소리를 반사한 물체가 얼마나 멀리 떨어져 있는지 알아낼 수 있다. 이 과정을 반향정위라 한다. 반향정위는 물체의 거리를 알려줄 뿐만 아니라 물체의 크기와 모양을 알 수 있게 해준다. 박쥐나 돌고래의 뇌 안에서 어떤 일이 일어나는지 아는 사람은 없다. 하지만 과학자들은 박쥐와 돌고래가 소리의 반향으로부터 주변 환경을 그려본다고 생각한다. 여러분은 이런 소리의 그림이 어떻게 생겼으리라 생각하는가?

1단계

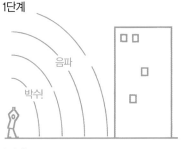

음파

박쉬

2단계 메아리

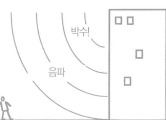

박쉬

음파

3단계

잠자던 주민들

신발

박쥐가 되어 보고 돌고래처럼 행동해보기
반향을 이용하여 거리를 판단해보자

건물의 벽에서 조금 떨어져 서라. 박수를 한 번 친 후 메아리를 들어보자. 조금 더 멀리 떨어져서 다시 한번 쳐보자. 벽에서 멀리 떨어질수록 메아리가 돌아오는 시간도 길어짐을 알 수 있다.

what if? 어두운 곳에서도 물체를 볼 수 있다면 어떨가

여러분은 밤 10시에 야구를 할 수도 있고, 어두운 방 안에서 책을 읽을 수도 있을 것이다. 그리고 밤에 야외에서도 물체를 볼 수 있을 것이다.

우리가 사물을 볼 수 있는 것은 눈에 보이는 광파(가시광선)가 우리 눈에 도착하기 때문이다. 하지만 사물은, 가시광선을 반사하지 않을 때에도 다른 방식으로 감지할 수 있는 다른 종류의 파동을 발산한다. 주변 환경보다 따뜻한 물체는 열을 발산한다. 이것을 적외선이라고도 한다. 적외선도 빛의 일종이다. 눈에 보이는 빛보다 더 긴 파장을 가졌다는 점만 다를 뿐이다.

여러분 집 안에 있는 물체들을 만져보아라. 뜨거운 물체—백열전구 같은—가 발산하는 열을 실제로 느낄 수 있다. 어떤 뱀들은 깜깜한 어둠 속에서 열을 이용해서 주위를 볼 수 있다. 이런 뱀들은 동물의 몸에서 나오는 열 때문에 근처에 다른 동물이 있음을 알 수 있다. 사람도 열이나 적외선을 이용해서 볼 수 있는 방법을 알아냈다.

적외선은 여러모로 편리하다. 해군은 적외선 탐지기를 장착한 헬리콥터를 갖추고 있다. 이 헬리콥터는 밤에 바다에서 실종된 사람들로부터 나오는 적외선을 탐지할 수 있어, 그 사람들의 위치를 알아내는 데 도움이 된다. 군대에서는 다른 항공기의 뜨거운 엔진을 탐지해서 공격하기 위해 미사일에 적외선 유도 장치를 사용한다. 또 가정에서도 누군가 가까이 왔을 때 불이 켜지는 적외선 방범 장치를 설치할 수 있다. 적외선은 눈으로 볼 수는 없지만, 필름에는 담을 수 있다. 또 그것을 보기 위해서는 특별한 안경을 사용해야 한다. 군인들은 밤에 주위를 관찰하기 위해 이런 안경을 이용한다.

적외선 안경을 통해 본 세상은 어떤 모습일까

세상은 <u>으스스하게</u> 보일 것이다. 밤에 밖에서 집을 본다면, 열이 밖으로 새는 장소는 아주 밝게 보인다. 사람들은 백열전구처럼 빛날 것이다. 심지어 사람의 몸을 감싸는 후광도 볼 수 있다. 하지만 안경을 썼을 경우에 안경은 검게 보일 것이다. 안경은 사람의 얼굴보다 차갑기 때문이다. 찬물에 담가 차가워진 손 역시 검게 보인다. 만약 뜨거운 물에 얼음 조각을 넣는다면, 그 얼음 조각은 석탄 덩어리처럼 보이고, 뜨거운 물은 빛날 것이다.

5장

웜홀 속으로
시간

누군가 시간이란 모든 것이 동시에 일어나지 못하도록 막는 것이라고 말했다. 시간은 모든 것을 끊임없이 미래로 운반하는 강과 같다. 미래인 내일에 도착하면, 오늘은 어제가 된다. 그런데 시간은 무엇일까? 시간은 더 빠르게 혹은 더 느리게 흐를 수 있을까? 시간을 거꾸로 거스르거나 앞질러 갈 수는 없을까? 이런 문제에 관하여 생각해보는 것도 재미있을 것이다.

과거의 모든 시간을 1년으로 압축한다면 어떨가

여러분은 어쩌면 1년을 아주 긴 시간이라고 생각할지도 모른다. 하지만 우주의 역사는 약 150억 년이고, 지구의 나이도 거의 50억 살이나 된다. 10억이란 너무도 큰 숫자라서 대부분의 사람들은 상상하기 힘들다(이해를 돕기 위해 다음 쪽 달력을 참고하라). 과거를 모두 1년으로 압축한다면, 150억 년이 얼마나 긴 시간인지 이해할 수 있을 것이다.

만약 150억 년을 1년으로 줄인다면, 그 해는 무척 요란스럽게 시작했을 것이

여분의 시간

여러분은 1년이 얼마나 긴지 알고 있나? 1년은 365일이 아니다. 365일 5시간 48분 46초다. 이것이 지구가 태양 주위를 한 바퀴 도는 데 걸리는 시간인 것이다. 남은 5시간 48분 46초는 대략 하루의 4분의 1이다. 달력을 처음 만든 사람들이 남은 시간을 어떻게 했으리라 생각하는가? 그들은 윤년을 생각해냈다. 윤년이란 2월이 28일이 아니라 29일인 특별한 해를 말한다. 그 특별한 해는 다른 해보다 하루가 더 길고 4년마다 찾아온다.

다. 아마도 역사상 가장 성대한 새해 파티였을 것이다. 과학자들은 우주가 약 150억 년 전에 일어난, 빅뱅(big bang)이라는 거대한 폭발로 시작되었다고 믿는다.

우주 초기에는 행성, 항성, 은하가 존재하지 않았다. 오직 빛과 아주 빠른 속도로 씽씽 지나가는 입자만이 있었다. 항성과 은하는 그 입자들이 충돌하여 점점 더 큰 덩어리를 만들면서 생성되었다. 그런 다음 덩어리들이 자신들의 중력으로 서로를 끌어당긴 것이다.

만약 우주의 역사를 1년이라고 가정하면, 항성과 은하는 약 3월에 만들어졌다. 지구, 태양, 다른 여덟 개의 행성을 비롯한 태양계는 약 9월에 만들어졌다. 그리고 지구 최초의 생물은 약 10월에 나타났다. 최초의 포유 동물은 겨우 12월이 되어서야 나타났다. 인간은 불과 몇 분 전까지도 없었다. 자동차, 전등, 비행기는 5분의 1초 전에 발명되었다. 5분의 1초는 눈을 한번 깜박하는 시간이다.

1월
2월
3월
4월
5월
6월 그다지 많은 일이 발생하지 않았음
7월
8월
9월
10월
11월 우우우!!! 얩
12월

12월 31일
오후 11시 59분
오후 11시 59분 59초

미시시피 하나, 미시시피 둘

100만—10억보다 1,000배 더 적은 수—은 아주 큰 숫자다. 만약 당신이 1초에 숫자 하나를 센다고 할 때 100만까지 세려면 밤낮을 가리지 않고 약 2주를 세야 할 것이다. 10억도 셀 수 있다. 하지만 32년 동안 다른 어떤 일도 계획하지 말아라.

미래로
여행할 수 있다면
어떨가

많은 사람들은 단지 미래를 흘끗 보기만 해도 충분할 것이다. 사람들은 미래로 가길 원한다. 미래로의 여행은 공상과학소설과 영화의 오랜 주제였다. 여러분은 지금 가고 싶은 해를 보여주는 몇 가지 다이얼이 설치된 마술 기계에 타고 있고, 그 기계가 그곳에 데려다준다고 상상해보자. 여러분은 미래의 삶이 어떤지, 세상이 어떻게 변할지 알 수 있을 것이다. 물론, 여러분은 반드시 왕복 티켓을 구매하기 원하겠지만.

한번 생각해보자. 어쩌면 미래로 가는 방법이 있을 수도 있다. 과학자들은 여러분의 집에 있는 냉장고보다 훨씬 더 강력한 냉장고를 사용하여 동물을 냉동 상태로 만들 수 있다. 냉동한 동물을 되살릴 때까지 시간은 멈춘 것이나 마찬가지다. 얼어 있는 동물은 죽은 것은 아니지만 나이를 먹지도 않는다. 물론 정말로 시간이 정지한 것은 아니다. 그 동물은 잠이 들었다가 미래에 깨어나는 것과 같다. 언젠가 사람들도 이런 방법을 이용하여 미래를 여행할지 모른다. 그러나 현재의 과학자들은 냉동된 인간의 육체를 다시 살리는 방법을 아직 발견하지 못했다.

미래로 여행하는 또 다른 방법은 빛의 속도만큼 빠르게 여행하는 것이다. 사물이 빛의 속도에 가깝게 이동할 때 시간은 느리게 흐른다. 빠르게 움직이는 우주선의 시계는 느리게 간다. 그 안에서 움직이는 사람은 슬로 모션으로 살고 있는 것처럼 보인다. 적어도 그들의 우주선이 지나는 모습을 볼 수 있는 사람에게는 말이다. 하지만 시간이 느리게 흐른다는 것은 환상이 아니다. 비록 우주선 안에서 움직이는 사람은 그 사실을 알아차리지 못할 테지만, 지구로 돌아온 후에는 깨달을 것이다.

만약 빛의 속도에 가깝게 여행할 수 있다면 여러분이 여행하는 일주일 동안이 지구의 시계에 따르면 100만 년이 된다. 그러나 우주선 안의 시계는 그 여행이 겨우 일주일 걸렸음을 보여준다. 여러분이 돌아왔을 때 지구는 매우 이상하게 보일 것이다. 그리고 여러분의 친구들은 살아 있지 않을 것이다. 물론, 아직까지는 이런 여행을 떠날 수 없다. 우리는 아마도 오랫동안 아니면 영원히 빛의 속도로 이동하는 우주선을 발명하지 못할 것이다.

시간여행

출발

비행편 번호	목적지	출발시간	도착시간	게이트
2300	1시간 후	오후 1:35	오후 2:35	A
2301	23세기	오후 5:15	2300년 오후 5:16	G
312	고대 로마	오전 11:01	30년 오전 11:02	B
551	미국 1776년	오후 2:02	1776년 오후 2:03	E
765	어제	오전 3:35	어제 오전 3:36	J

도착

비행편 번호	출발지	도착시간	출발시간	게이트
2300	1시간 전	오후 2:35	오후 1:35	A
716	중생대	오후 12:05	기원전 6천 500만 년 오전 1:10	D
765	내일	오전 3:36	내일 오전 3:35	J

다음달 담당직원

H. G. 웰즈

시 간 여 행 항 공 사

what if?

과거로 여행할 수 있다면 어떻게 될까

여러분은 과거로 돌아가서 지금의 상황을 바꾸고 싶었던 적이 있는가? 아니면 당시 모습을 보기 위해 수백 년 전으로 여행하고 싶었던 적은?

만약 정말로 시간을 거슬러 올라가거나 과거를 바꿀 수 있다면, 여러분은 더 젊은 자신과 만날 수도 있다. 자신에게 온갖 좋은 충고를 할 수도 있을 것이다. 그러나 그들은 여러분이 미래에서 왔다는 사실을 믿지 않을 것이다. 여러분이라 면 여러분의 미래 모습이라 주장하는 자기보다 더 나이 많은 사람의 말을 믿을

블랙홀

지구의 중력이 지금보다 훨씬 더 강하다고 가정해보자. 마치 커다란 손으로 지구를 아주 작은 공이 될 때 까지 누르는 것과 마찬가지일 것이다. 아주 큰 항성들은 지구보다 중력이 훨씬 크다. 항성이 빛나는 동안 은 충분한 열이 발생하기 때문에 중력이 항성을 작은 크기로 찌그러뜨리지 못한다. 하지만 일단 그 거대 한 항성이 다 타버리면, 자체 중력 때문에 아주 작은 공처럼 압축된다. 그것은 검은 구멍(블랙홀)으로 변한 다. 블랙홀의 중력은 너무 강해서 어떤 것—심지어 빛조차—도 블랙홀에서 도망칠 수 없다.

수 있겠는가?

시간을 거슬러 올라가 과거를 바꿈으로써 현재를, 심지어 여러분 자신을 존재하지 않게 할 수도 있다. 예를 들어, 여러분이 부모님을 만나지 못하게 하는 어떤 일을 우연히 했다고 가정해보자. 부모님이 만나지 못해 여러분이 태어나지 않았다면, 어떻게 시간을 거슬러 올라갔겠는가? 이런 문제들 때문에 사람들 대부분은 시간을 거슬러 올라가는 일이 불가능하다고 생각한다.

사람들이 과거로 갈 수 없다고 생각하는 데는 다른 이유도 있다. 만약 미래의 누군가가 시간여행하는 법을 익혔다면, 우리는 미래에서 온 시간여행자들을 알아보지 않았을까? 비록 그들이 알려지기를 원치 않더라도 시간여행자들이 방문했다는 증거를 찾을 수 있을 것이다. 독립선언문 서명처럼 과거의 중요한 많은 사건들은 시간여행자들에게 꼭 가보고 싶은 '명소'일 테니까.

대부분의 사람들은 과거로 여행할 수 있다고 생각지 않는다. 하지만 몇몇 과학자들은 가능성을 품고 있다. 우주에서 아주 커다란 항성들이 폭발하면 블랙홀이 된다. 어떤 과학자들은 몇몇 블랙홀을 시간여행에 이용할 수 있다고 생각한다. 그런 블랙홀을 웜홀(벌레구멍)이라 한다.

지구의 웜홀은 벌레가 땅 속에서 다른 장소로 이동하기 위해 파놓은 통로를 의미한다. 항성들에 의해 만들어진 웜홀은 우주 공간의 다른 시간과 장소를 연결해줄 것이라 추측한다. 만약 여러분이 그와 같은 웜홀로 떨어져 살아남는다면, 다른 장소와 다른 시간으로 나올지도 모른다. 어쩌면 그 시간은 과거가 될 수도 있다. 그것이 정말로 사실일까? 웜홀이 정말로 있는지 아무도 확신할 수 없다.

"신경 쓰지 마세요. 저는 시간여행을 하고 있을 뿐입니다."

6장

촛불 시계와 슈퍼컴퓨터
발명

우리 사회의 모든 위대한 발명품은 '전기로 빛을 만들 수는 없을까?'처럼 '만약에' 종류의 질문을 던진 사람이나 단체에 의해 만들어졌다. 발명가는 어떤 번득이는 아이디어를 생각해낸 후 그 발명품을 제대로 작동시키기 위해 종종 많은 시간을 들여야 한다. 많은 사람들이 전기를 사용하는 백열전구를 만들 수 있다고 생각했다. 하지만 토머스 에디슨(1847~1931)만이 그 아이디어와 다른 아이디어들에 많은 시간을 쏟아부었다. 에디슨의 백열전구처럼 위대한 발명품은 사회를 완전히 바꿔놓았고, 끊임없이 새로운 발명의 흐름을 이끌었다. 백열전구가 없었다면 아무도 TV나 영화를 생각해내지 못했을 것이다. 어떤 발명품은 우리 스스로에 대한 생각마저 바꿔놓는다. 컴퓨터가 발명된 후 컴퓨터는 인간만이 할 수 있던 일들을 하기 시작했다. 몇몇 사람들은 컴퓨터가 생각할 수도 있지 않을까 여기게 되었다. 생각할 수 있는 컴퓨터란 무엇을 의미하는가? 여러분은 그 문제에 관하여 어떻게 생각하는가?

what if? 자동차에 연료가 필요없다면 어떻게 될까

만약 자동차가 연료 없이 달릴 수 있다면 모든 석유회사와 주유소는 망할 것이다. 여러분은 연료 탱크를 가득 채울 필요도 없고, 사막 고속도로 한가운데에서 연료가 떨어질까 걱정할 필요도 없다.

그러나 지금 대부분의 자동차는 가솔린 같은 화석 연료를 태움으로써 에너지를 얻는다(다음쪽 '계속 움직이고 움직이고 또 움직이고'를 참고하라). 연료를 태운다는 것은 자동차 엔진 안에서 작은 폭발을 일으켜 연료의 에너지를 방출하는 것이다. 엔진은 그 작은 폭발로 자동차의 바퀴를 회전시켜 움직이게 한다. 그러나 자동차가 연료를 태울 때, 지구를 오염시키는 화학물질이 뒤쪽 배기관으로 나온다.

만약 자동차에서 오염물질을 제거하고 싶다면, 우리는 다른 종류의 에너지로 달리는 자동차를 개발해야 한다. 태양열 자동차는 햇빛에서 직접 에너지를 얻는다. 자동차 꼭대기에 놓인 특별한 태양열 판은 햇빛을 전기로 바꾼다. 전기는 자동차를 앞으로 나아가게 하는 또 다른 형태의 에너지다. 햇빛은 공짜로 에너지를 제공한다. 그러나 태양열 자동차는 만드는 비용이 매우 많이 들고, 또 아주 빠르

계속 움직이고 움직이고 또 움직이고

에너지는 물체를 움직이게 하고, 물체에 일을 할 수 있는 능력을 준다. 세상에는 여러 형태의 에너지가 있다. 열, 빛, 화학, 전기, 운동 에너지가 그 예다. 에너지는 만들어지거나 파괴될 수 없다. 오직 한 가지 형태에서 또 다른 형태로 바뀔 뿐이다. 따라서 자동차가 작동하기 위해서는 늘 외부의 에너지원이 필요할 것이다. 하지만 필요한 에너지의 종류는 바뀔 수 있다.

대부분의 에너지는 태양으로부터 온다. 생물—식물과 동물 모두—은 햇빛으로부터 에너지를 저장한다. 식물과 동물은 죽은 후에 땅 속에 묻힌다. 땅 속에서 열 에너지는 생물의 잔해를 화석 연료로 바꾼다. 화석 연료란 석탄, 석유, 천연 가스 등을 의미한다. 이런 연료가 만들어지기 위해 수백만 년이 걸렸다. 일단 사용한 화석 연료들은 재생되지 않는다. 더 많이 만들어지기 위해서는 다시 수백만 년 이상의 시간이 필요하다. 따라서 우리는 너무 빨리 화석 연료를 써버려서는 안 될 것이다.

게 달릴 수 없다. 아직까지는 말이다.

언젠가 대부분의 자동차는 에너지를 전기에서 얻을 것이다. 전기 자동차는 어떤 오염도 일으키지 않는다. 커다란 배터리가 이들 자동차에 전기를 공급한다. 배터리는 그 안에 에너지를 저장하는 화학물질을 갖고 있다. 화학물질이 반응할 때, 전기가 만들어진다. 그 결과 배터리는 에너지를 잃거나 성능이 떨어진다. 전기 자동차의 배터리는 매일 밤 전원에 플러그를 꽂아 다시 충전해야 한다.

물론 전기 역시 공짜가 아니고 전기를 만들 때도 오염은 발생한다. 전기는 화석 연료를 태우는 발전소에서 나올 수도 있다. 따라서 전기 자동차는 오염을 직접 일으키지는 않지만 간접적으로 발전소에서 일으킬 수는 있다.

what if?

전등이 발명되지 않았다면 어떻게 되었을까

어른에게 부탁하여 밤에 촛불을 몇 개 켠 후 전등을 모두 꺼보아라. 전등이 발명되기 전에 세상이 얼마나 어두웠는지 알 수 있을 것이다. 촛불로는 책을 읽기도 힘들 것이다. 물론 TV를 보는 일 같은 몇몇 일은 불빛이 필요없다. 그러나 전등이 없었다면 TV도 없었을 것이다!

전구는 약 100년 전 토머스 에디슨이 발명했다. 전구가 발명되기 전 사람들은 밤에 양초·가스등·기름 램프 등을 사용했고, 이것들은 가끔 넘어져서 불을 내곤 했다.

에디슨은 또한 발전소에서 전기를 만들어 사람들의 집에 전달하는 방법을 알

전류의 흐름

토머스 에디슨은 전구를 빛나게 하기 위해 전기를 사용했다. 전기는 전자의 움직임에 의해 생성되는 에너지의 형태다. 전자란 원자 안에 있는 작은 알갱이다. 전선과 같은 물질을 통과하는 전자의 이동(흐름)을 전류라 한다.

아냈다('전류의 흐름'을 참고하라). 일단 전기가 사람들의 집에 가설되자, 전기는 불빛을 제공하는 이외에 다른 목적을 위해서도 이용되었다.

전구는 어떻게 작동할까? 전구의 주요 부분은 필라멘트이다. 그것은 전구 안에 있는 아주 가느다란 철사이다. 전기는 필라멘트를 흐를 때 아주 뜨거워진다. 그 온도가 매우 높아서 필라멘트가 빛을 발하는 것이다. 여러분은 토스터의 철사에서도 같은 현상을 볼 수 있다. 토스터에 전원을 연결하면 철사가 밝은 오렌지색으로 빛난다. 전구의 필라멘트는 토스터의 철사보다 훨씬 더 뜨겁다. 그래서 전구가 훨씬 더 밝게 빛난다.

요즘은 필라멘트가 없는 전구를 사용한다. 형광등을 그 예로 들 수 있다. 형광등의 내부는 자외선에 노출되면 밝게 빛나는 물질로 덮여 있다. 형광등은 필라멘트가 있는 전구만큼 뜨겁지 않다. 전기 에너지의 많은 부분이 빛으로 변하고, 열로 변하는 부분은 적기 때문이다. 이런 새로운 종류의 전구는 에너지를 절약하게 해준다. 더 적은 전기를 사용하면서도 필라멘트 전구와 같은 양의 빛을 생산해내기 때문이다. 따라서 형광등을 사용하는 것이 에너지를 절약할 수 있으므로 우리 환경을 돕는 한 가지 방법이다.

what if? 시계가 발명되지 않았다면 어떠했을까

여러분은 시계가 없는 세상이란 성가신 자명종 소리도 없고, 숙제를 하거나 잠자리에 들 시간도 알 수 없게 된다고 좋아할지도 모르겠다. 그러나 다시 한번 생각해보아라. 시계가 없는 세상은 컴퓨터(또는 컴퓨터 게임), 라디오, TV 역시 없는 세상을 의미하기도 한다.

시계를 만들기 위해 사용하는 기술은 일상 생활에서 당연하게 여기는 다른 장치에서도 사용한다. 컴퓨터는 작동을 위해 내부 시계를 이용한다. 시계가 없었다면 절대로 컴퓨터를 발명할 수 없었을 것이다. 시계를 만드는 기술이 없었다면 우리는 라디오나 TV 역시 갖지 못했을 것이다.

시계가 없었다면 세상은 지금과 아주 다른 모습일 것이다. 탐험가들도 미국에 도착하지 못했을 것이다. 시간을 알려주는 수단이 없다면 배로 바다를 항해하는 것은 거의 불가능하다. 초기 선원들은 바다에서 자신들이 어디에 있는지 알아내기 위해 별의 위치를 이용했다. 그러나 지구의 자전에 따라 별은 하늘을 가로지른다. 즉 별을 이용하기 위해서는 시간을 알아야 했다.

수천 년 전 사람들은 태양을 이용하여 시간을 기록하는 방법을 터득했다. 그들은 해시계를 사용했는데, 그것은 땅에 꽂힌 곧은 막대기에 불과했다. 태양이 하늘을 지나가는 동안 막대기의 그림자도 이동한다. 사람들은 시간을 알기 위해 막대기 그림자의 위치를 이용한 것이다. 해시계는 흐린 날이나 밤에는 이용하기 어려웠다. 그래서 양초에 표시하기 시작했다. 양초가 하나의 표시에서 다음 표시까지 녹으면 한 시간이 지났음을 알 수 있는 것이다.

  가장 오래된 기계식 시계는 약 600년 전에 발명되었다. 하지만 정확한 시간을 알 수는 없었다. 기계식 시계는 약 300년이 지나 이탈리아의 과학자 갈릴레오 갈릴레이(1564~1642)가 진자 운동의 비밀을 발견한 후에야 개선되었다. 갈릴레오는 진자의 진동은 정확하게 같은 시간 동안 지속된다는 사실을 발견했다. 따라서 시간을 알기 위해서는 진자의 진동수를 세기만 하면 되는 것이다. 더욱 좋은 것은, 내부에 진자가 있는 시계는 저절로 진자의 진동을 셀 수 있다는 점이다. 진자가 움직일 때마다 시계 바늘이 조금씩 움직이고, 그 바늘은 시간을 보여준다 (오늘날에도 괘종시계에서 흔들리는 진자를 볼 수 있다).

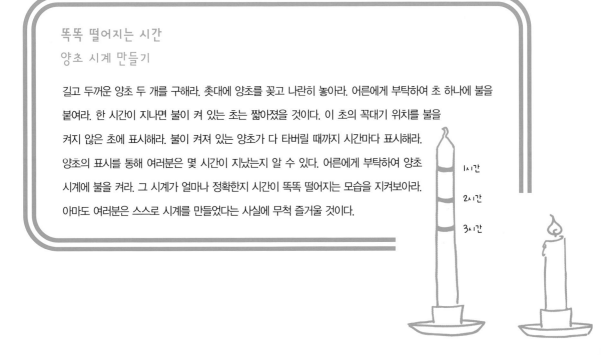

똑똑 떨어지는 시간
양초 시계 만들기

길고 두꺼운 양초 두 개를 구해라. 촛대에 양초를 꽂고 나란히 놓아라. 어른에게 부탁하여 초 하나에 불을 붙여라. 한 시간이 지나면 불이 켜 있는 초는 짧아졌을 것이다. 이 초의 꼭대기 위치를 불을 켜지 않은 초에 표시해라. 불이 켜져 있는 양초가 다 타버릴 때까지 시간마다 표시해라. 양초의 표시를 통해 여러분은 몇 시간이 지났는지 알 수 있다. 어른에게 부탁하여 양초 시계에 불을 켜라. 그 시계가 얼마나 정확한지 시간이 똑똑 떨어지는 모습을 지켜보아라. 아마도 여러분은 스스로 시계를 만들었다는 사실에 무척 즐거울 것이다.

1시간
2시간
3시간

컴퓨터가
사람처럼 생각할 수 있다면
어떻게 될까

영화에서는 슈퍼컴퓨터가 세상을 지배하기도 한다. 그러나 지금 현실 세계에서 컴퓨터는 인간이 시키는 일만 할 수 있다.

컴퓨터에게 명령을 하는 사람들을 프로그래머라 부른다. 그들은 컴퓨터가 따라야 하는 지시사항(프로그램)을 컴퓨터의 기억장치에 기록한다. 컴퓨터는 로봇의 행동을 지시하는, 로봇의 두뇌와 같은 기능을 하는 것이다. 오늘날에는 정교한 컴퓨터가 통제하는 로봇이 복잡한 임무를 수행한다. '랜드 로버(land rover)'라는 로봇 차량은 화성 표면에서 자료를 수집하고, 그 자료를 다시 지구로 전송한다. 또 다른 종류의 로봇은 자동차를 만드는 조립 라인에서 일한다.

TV 카메라 렌즈, 레이저, 레이더를 사용하는 로봇 랜드 로버까지 있다. 이 로봇은 장애물을 피하기 위해 방향을 바꿀 수도 있다. 어떤 점에서 로봇은 인간의 행동과 같은 방식으로 세상을 배운다. 컴퓨터 '뇌'는 주변에서 얻은 새로운 자료

"저기 좀 보세요! 저것 혜성 아닌가요?"

에 따라 행동을 바꾼다. 세상에 관해 알게 된 사실을 근거로 로봇은 행동을 수정하는 것이다. 그러나 컴퓨터가 정말로 생각하는 걸까? 아니다. 사람이 랜드 로버 내부의 컴퓨터에게 왼쪽으로 갈지, 오른쪽으로 갈지, 아니면 곧장 갈지 선택하는 방법을 말해줘야 한다.

컴퓨터가 과연 생각할 수 있는가에 관한 문제는 과학자들마다 의견이 다르다. 문제는 '생각'의 정의로 요약할 수 있다. 컴퓨터는 현재 몇 가지 일―셈하기, 위성 추적하기, 체스 게임 등―은 대부분의 사람들보다 훨씬 잘한다.

그러나 사람들은 더 많은 것을 컴퓨터보다 훨씬 잘한다. 얼굴 기억하기나 대화 나누기 등. 컴퓨터가 정말로 생각하는지 알아보기 위해 과학자들은 컴퓨터에게 생각하는 테스트를 시행해왔다. 튜링 테스트를 읽어보아라.

튜링 테스트

앨런 튜링은 유명한 과학자로, 컴퓨터가 생각하는 능력이 있는지 알아보기 위한 테스트를 처음 고안했다. 이를테면, 실험자 A가 컴퓨터 앞에 앉아서 옆방의 B와 대화를 한다. 옆방에는 B와 더불어 여러분이 묻고 싶은 모든 질문에 응답하도록 프로그램된 컴퓨터가 있다고 가정해보자. 튜링 테스트를 하는 A는 컴퓨터에 질문을 입력하고 스크린에 나타나는 대답을 본다. 그는 진짜 사람인 B가 키보드로 대답하는지 아니면 컴퓨터가 대답하는지 알아맞춰야 한다. 만약 대화를 나누는 대상이 컴퓨터였지만 훌륭하게 대답했다면, A는 자신이 B와 대화를 나눴다고 생각할 것이다.

어떤 사람들은 튜링 테스트가 정말로 컴퓨터가 생각할 수 있는지 여부를 알려주지는 못한다고 주장한다. 튜링 테스트는 사람들이 컴퓨터가 생각한다고 믿도록 만드는 테스트일 뿐이라는 것이다. 또 다른 사람들은 튜링 테스트가 훌륭하다고 대답한다. 여러분은 어떻게 생각하는가?

7장

똑똑한 돼지와 애완 공룡

식물과 동물

지구상의 생물은 진화해왔다. 유기체(식물과 동물)는 자연 환경을 더욱 잘 이용하기 위해 노력하기 때문이다. 예를 들어, 어떤 동물은 주변 환경에 맞게 몸 색을 바꾸기도 한다. 이런 행동을 위장이라 한다. 이런 방법으로 그들은 다른 동물의 먹이가 되는 것을 피할 수 있다. 하지만 동물이 계획적으로 이렇게 변하는 것은 아니다. 그들은 "저런! 만약 내가 다른 색을 띠면 주변과 더 비슷해 보일 텐데"라고 계산하지 않는다. 대신 동물이 새끼를 낳을 때마다,

새끼 중 몇몇은 다른 놈들보다 살아남는 데 더 유리한 좋은 특성을 갖는다. 살아남은 놈들은 이 특성을 유전자의 형태로 다음 세대에 전하는 것이다. 때로 생물에게는 오랜 시간이 흐르면서 커다란 변화가 나타나기도 한다. 그리하여 새로운 종류의 생물(종)이 만들어진다. 이런 식으로 생물들은 점차 진화하면서 주변 환경에 더 잘 적응해간다. 그러나 환경이 너무 빠르게 변하면 식물이나 동물은 곤란한 문제에 맞닥뜨린다. 예를 들어, 공룡은 수백만 년 동안 아주 왕성하게 번식하며 행복하게 지구에서 살았다. 하지만 그들은 모두 멸종되었다. 아마도 6,500만 년 전에 일어난 지구의 갑작스러운 기후 변화 때문일 것이다. 대부분의 사람들은 인간이 다른 동물보다 영리하다고 생각한다. 만약 우리가 정말로 영리하다면 지구 환경을 살기 좋은 곳으로 유지하는 방법을 찾을 수 있을 것이다.

what if? 공룡이 멸종하지 않았다면 어떻게 되었을까

아마 도로에 '주의:공룡이 지나다님'이란 표지판을 세웠을 것이다. 트리케라톱스 (중생대 백악기 후기의 초식성 공룡으로 세 개의 뿔을 가졌으며 네 다리로 걸어 다녔다) 스튜가 가장 인기 있는 요리가 될 수도 있다. 아니면 우리가 여기에 존재하지 못할 수도 있다. 만약 공룡이 모두 죽지 않았다면, 원시시대 인간은 생존하기 힘들었을 테니까.

공룡은 한 마리도 빠짐없이 지구에서 사라졌다. 그래서 우리는 공룡이 멸종되었다고 말한다. 어떤 사람들은 공룡의 몸에 뭔가 이상이 있어 멸종되었을 것이라고 생각한다. 하지만 공룡은 이제껏 인간이 살아온 것보다 훨씬 더 오랜 기간을 훌륭하게 살았다.

그렇다면 공룡은 왜 인간이 나타나기 전에 모두 사라졌을까? 아무도 정확한 이유를 알지 못한다. 지구의 기후가 크게 변했기 때문이라는 주장이 가장 그럴듯하다. 대다수 과학자들은 거대한 운석이 지구를 강타했던 약 6,500만 년 전에 극적인 기후 변화가 발생했다고 생각한다. 아주 어마어마한 운석은 대기권에 거대한 먼지 구름을 만들었고, 그 때문에 지구는 추워졌을

것이다. 당시 공룡과 대부분의 덩치 큰 동물들은 추운 기후 때문에 죽었을 것이다.

공룡처럼 거대한 동물은 왜 살아남기 힘들었을까? 자연에는 커다란 동물보다는 작은 동물이 더 많다. 몸집이 큰 동물은 그보다 더 작은 동물이나 많은 식물을 먹어야 살 수 있다. 동물의 덩치가 클수록 일정한 지역에서 먹을 수 있는 식량이 충분치 않기 때문에 적은 수만 생존할 수 있다.

어쩌면 공룡이 멸종하지 않았더라도 인간은 지금까지 살아남았을지도 모른다. 인간의 지능은 공룡보다 더 높기 때문에 커다란 동물도 감당할 수 있었을 것이다. 초기 인간은 지금은 멸종된 아주 큰 동물을 훌륭히 사냥했다. 비록 공룡이 6,500만 년 전에 멸종되지 않았더라도 인간 사냥꾼이 지구에 자리잡은 후에 멸종했을 수도 있다.

주의!
공룡이
지나다님

공룡을 다시 살려낸다면 어떻게 될까

'아기 공룡 입양하실 분' 같은 표지판을 볼지도 모르겠다. 하지만 대부분의 사람들은 아기 공룡을 입양하지 않을 것이다. 아주 넓은 뒤뜰이 있어야 할뿐더러 자라서 주인을 죽일 가능성도 있으니까.

영화 〈쥬라기 공원(Jurassic Park)〉에서 과학자들은 호박(湖泊) 속에 보존된 모기의 혈액에서 발견한 공룡 DNA를 이용해 살아 있는 공룡을 만들어낸다. DNA란 생물의 모든 세포에서 발견되는 분자이다. 그것은 생물을 어떻게 만드는지 알려주는 코드를 포함하고 있다(더 자세한 내용은 '창조의 코드'를 참고하라). 과학

창조의 코드:DNA

DNA는 공룡과 사람을 비롯한 모든 형태의 생명에서 발견된다. 여러분의 DNA는 여러분의 몸에 대한 기본 계획, 눈이나 머리카락의 색 등을 알려준다. 성장하면서 여러분의 육체는 DNA에서 나오는 명령에 따라 변화한다. DNA는 마치 설계도가 집의 완공 후 모습을 알려주는 것처럼 여러분의 발생을 관장한다.

자들은 살아 있는 공룡을 부화시키기 위해 공룡 DNA를 타조 알에 넣었다. 알이 부화했을 때 과학자들은 공룡 DNA가 아기 공룡을 만들어냈음을 발견한다.

여러분은 "흥, 그것은 단지 영화인걸요!"라고 말할 수도 있다. 현재 과학자들은 검룡이나 익룡 같은 공룡을 만들 수 없다. 그러나 불가능하다고 단정할 수도 없다. 비록 공룡들은 약 6,500만 전에 사라졌지만, 그들의 DNA 중 일부는 화석(지각 속에 보존되어 있는 유기체의 일부분이나 흔적)에 남아 있을 수도 있다.

우리가 공룡을 되살렸다고 상상해보자. 그 공룡은 엄마나 아빠 없이 어떻게 살아남을 수 있을까? 그들에게 무엇을 먹여야 할지 어떻게 알 수 있을까? 몇몇 과학자들은 공룡의 배설물을 이용해 그들이 무엇을 먹었는지 알아내려 노력하고 있다. 하지만 공룡의 먹이 중 많은 것이 더이상 존재하지 않는다.

비록 아기 공룡에게 무엇을 먹여야 할지 알고 있다 하더라도 오늘날의 세상에서 공룡을 기르기란 여간 힘들지 않을 것이다. 공룡처럼 아주 큰 동물은 넓은 야외 공간이 필요하다. 숲, 정글 또는 초원처럼 돌아다닐 수 있는 장소 말이다. 공룡들은 아마도 사람들이 구경하는 동물원 안에 갇히는 것을 좋아하지 않을 것이다. 영화 〈쥬라기 공원〉에서처럼 공룡이 만약 도망친다면 많은 문제를 일으킬 수도 있다.

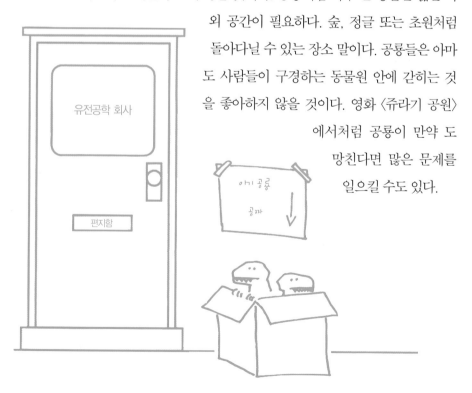

식물과 동물이 모두 사라진다면
어떻게 될까

꾹. 찰싹. 찍. 여러분은 이제 바퀴벌레나 파리, 개미를 죽이지 않아도 된다고 생각할지 모르겠다. 그러나 만약 하루 만에 모든 곤충이 더이상 존재하지 않는다면 어떻게 될까? 모든 동물과 식물이 사라진다면? 아마 여러분도 존재할 수 없을 것이 거의 확실하다.

인간은 우리가 실감하는 것보다 훨씬 더 동물과 식물에게 의존한다. 이들이 없다면 먹을 것도 없을 것이다. 식물이 없다면 우리는 숨을 쉴 수도 없다. 광합성이라는 과정을 통해 식물은 이산화탄소(사람들이 내뿜는 가스)를 마시고 산소(사람들이 들이마시는 가스)를 만들어낸다.

식물과 동물이 하룻밤 사이에 사라질 수 있을까? 모습이 비슷하고 서로 교배가 가능한 생물의 집단을 '종'이라 한다. 하나의 종이 멸종되었다는 것은 그 종이 하나도 남김없이 모두 죽었다는 것을 의미한다.

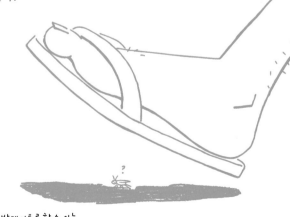

"남은 일생 동안 토요일밤데이트를 할수 있는 마지막 기회로군."

지구의 역사에서 종은 계속 멸종해왔다. 때로는 많은 종이 한꺼번에 멸종한다. 이것을 대량 멸종(mass extinction)이라 한다. 6,500만 년 전, 공룡과 다른 많은 종이 동시에 사라지는 대량 멸종이 발생했다.

이러한 대량 멸종은 기후의 갑작스러운 변화 때문이었다고 추측하고 있다. 하지만 오늘날에는 식물과 동물이 멸종하는 가장 큰 원인 중 하나가 인간이다. 사람들이 농장, 건물, 고속도로 등을 건설하기 위해 나무를 베고 토지를 개척할 때, 그 땅에 살던 식물과 동물은 때때로 죽음을 맞이한다. 어떤 것들은 빨리 죽고, 어떤 것들은 천천히 죽는다. 천천히 죽는 종이라 해도 빠르게 변하는 새로운 환경에 적응하기는 힘들다. 이런 현상의 가장 극적인 사례는 열대우림에서 발견된다('엄청난 속도로 줄어드는 열대우림'을 참고하라).

엄청난 속도로 줄어드는 열대우림

북극과 남극 중간에 위치한 적도 근처에는 '열대지방'이라는 덥고 습기가 많은 지역이 있다. 열대우림은 벨트처럼 지구를 둘러싸고 있는 열대 지역에 나타나는 숲이다. 비록 열대우림은 지구 표면의 6퍼센트만을 차지하지만, 지구에서 사는 생물 종의 절반 이상을 포함한다. 남미 아마존 열대우림 약 1만 제곱미터 안에는 유럽 전체에서 발견되는 것보다 더 많은 종류의 식물이 살고 있다.

하지만 인간들이 농장과 목장을 위해 토지를 개척하면서 열대우림은 사라지고 있다. 60초마다 약 축구장 100개 크기의 열대우림이 불에 타 사라진다. 매년 적어도 4,000종에 이르는 열대 동식물이 멸종하고 있다. 이들은 우리가 사는 지역과는 아주 멀리 떨어진 곳에 있지만 여러 경로를 통해 우리에게 영향을 미친다. 열대우림의 식물은 공기 중의 이산화탄소를 들이마시고 산소를 내보낸다. 의사들은 열대우림 식물에서 생명을 구할 수 있는 소중한 약의 원료를 얻는다.

한편 열대지방에 사는 사람들도 새로운 도로, 농장, 집 등을 세우기 위한 장소가 필요하다. 사람들의 요구와 환경 보호 사이의 갈등을 해결하는 일은 결코 쉽지 않다.

8장

굉장해, 변하는 나
사람과 동물

대부분의 과학자들은 몇 백만 년 전 오늘날의 인간으로 진화한 생물이 있었다고 믿는다. 또한 같은 생물이 진화하여 오늘날의 유인원이 되었다. 즉 인간과 유인원은 같은 조상에서 진화했다. 그 생물로부터 진화하는 동안 인간은 똑바로 서서 걷기 시작했고 몸의 털이 사라졌다. 그러나 가장 큰 변화는 인간이 도구를 사용하고 환경을 바꾸기 시작하면서 일어났다. 인간은 지구상의 어떤 동물도 감히 할 수 없었던 일을 해낸 것이다. 책을 쓰고, 도시 · 비행기 · TV · 컴퓨터 등 첨단 기술을 쌓아올리고, 심지어 우주선으로 달을 방문했다. 만약 인간이 그냥 동물이라면 어떻게 이런 놀라운 일들을 해낼 수 있었을까? 대부분의 과학자들은 뛰어난 두뇌 때문에 인간이 다른 동물보다 앞선다고 주장한다. 하지만 다른 동물(돌고

래, 고래, 코끼리 등)들도 아주 큰 뇌
를 갖고 있다. 인간을 우월
하게 만든 것
은 어쩌면
환경을 다
룰 수 있는
손인지도
모르겠다.
물론 몇몇 동
물은 인간이 할 수
없는 일을 한다.
만약 우리가 새처
럼 날고, 곤충처럼 천
장을 거꾸로 걷고, 코끼리처럼
크고 강하다면 참으로 재미있
을 것이다.

동물이 사람보다 더 영리하다면 어떻게 될까

침팬지가 사진을 찍고 땅콩을 던지는 동안 여러분은 동물원 창살 속에 갇혀 있을지도 모른다. 아니면 개의 '애완인간'일 수도 있겠지. 더욱 끔찍한 것은 사자나 호랑이가 맛있는 식사를 위해 여러분을 가축으로 기르거나, 코끼리들이 새로운 코끼리 아이라이너(눈 화장품) 실험을 위해 실험 대상으로 삼을 수도 있다. 즉,

인간이 지구에서 가장 영리한 동물이 아니라면

우리는 책을 쓰거나 건물을 짓는 등 동물이 할 수 없는 일을 한다고 생각한다. 그러나 어떤 곤충이나 새, 비버 등은 아주 정교한 건물을 짓는다. 하지만 어떤 동물도 인간이 보유한 복잡한 기술처럼 발전시키지는 못했다. 그러나 오늘날의 사람들이 기술을 전혀 갖지 못했던 1만 년 전 사람들보다 정말로 더 똑똑할까? 누가 알겠는가? 어쩌면 어떤 동물은 우리가 읽는 방법을 알아낼 수 없는 복잡한 언어를 가졌을지도 모른다. 또 고래들은 긴 시간 동안 서로 대화를 나눌지도 모른다. 대부분의 사람들은 인간이 가장 영리한 종이라고 생각한다. 하지만 증명할 수는 없다. 다른 동물이 얼마나 영리한지 알아보기 위해 만든 테스트는 분명히 인간이 가장 영리하다는 사실을 입증할 것이다. 왜냐하면 우리가 그 테스트를 만들었으니까.

어떤 동물이 사람보다 더 영리하다면, 그들은 지구에서 우리의 위치를 대신할 것이다.

여러분은 아마도 이런 사태가 발생하기를 원하지 않을 것이다. 이런 생각을 통해 여러분은 인간이 동물을 어떻게 다루는지에 관해 미안함을 느낄 수도 있다. 그러나 인간이 다른 동물을 지배(통제)하는 유일한 동물은 아니다. 많은 동물이 다른 동물을 잡아먹는다. 심지어 개미는 식량을 위해 진딧물이라는 곤충을 기르기도 한다. 침팬지 같은 몇몇 종들은 때로 애완동물을 갖는다.

과학자들은 어떤 동물—예를 들어, 침팬지, 코끼리, 고래, 돌고래—은 아주 영리하다고 믿는다. 어떤 침팬지들은 200 단어 이상을 배우고, 말 대신 기호를 이용해 우리와 대화를 나눌 수 있다. 침팬지는 음식을 얻기 위해 간단한 도구까지 사용한다. 얼마 전까지도 과학자들은 오직 인간만이 도구를 사용한다고 믿었다.

고래는 때로 복잡한 노래를 1시간 이상 부른다. 돌고래는 아주 복잡한 '언어'를 가진 것처럼 보인다. 그러나 과학자들은 돌고래나 다른 동물이 서로 무슨 얘기를 나누는지 거의 알 수 없다. 몇몇 동물은 실제로 매우 영리—우리와는 다른 면에서—할지도 모른다. 하지만 그들과 대화할 수 없기 때문에 우리는 그 사실을 확인할 수 없다.

what if?
여러분이 곤충만하다면
어떻게 될까

작고 끈적거리는 발로 천장을 걸어다닐 것이다. 한번에 여러분 키의 20배나 높이 뛰어오를 수도 있다. 여러분 무게의 300배나 무거운 짐을 운반할 수도 있을 것이다. 물론, 길을 걷다가 거대한 발에 짓밟힐 수도 있겠지!

만약 여러분이 곤충만하다면, 이렇게 놀라운 일들이 벌어진다.

벼룩은 약 30센티미터를 껑충 뛰어오른다. 이 높이는 벼룩 크기의 200배에 달하는 높이다. 사람으로 치면 250미터도 훨씬 더 높이(참고로 63빌딩이 249미터이다) 뛰어오르는 것과 같다. 벌은 자신의 무게보다 300배나 더 무거운 짐을 끌어당길 수 있다. 사람으로 치면

짐이 가득 찬 트럭 세 대를 동시에 잡아당기는 것과 마찬가지다. 곤충들은 어떻게 이런 일을 할 수 있을까?

이것을 이해하는 열쇠는 동물의 크기, 몸무게, 힘의 관계에 있다. 크기가 아주 다른 두 종류의 동물을 비교해보자. 인간과 대벌레를 예로 들어보자. 인간은 대벌레보다 10여 배 더 크고, 훨씬 더 강하다. 하지만 인간은 대벌레보다 수십만 배나 더 무겁다. 이렇게 크기가 다른 두 생물의 경우, 작은 쪽이 몸무게에 비해 근력이 훨씬 더 세다. 따라서 몸무게에 대한 상대적 의미에서는 곤충이 사람보다 훨씬 더 강하다.

왜 작은 동물은 자신의 몸무게에 비해 더 강할까

추를 매달 수 있는 고무줄을 근육이라고 생각해보자. 두 개의 고무줄이 있다. 한 고무줄은 다른 고무줄의 2배 길이다. 만약 모든 비율을 같게 하려면, 긴 고무줄의 추는 짧은 고무줄의 추보다 길이, 너비, 높이 모두 2배 더 커야 한다. 따라서 $2 \times 2 \times 2 = 8$, 즉 8배나 더 무거워진다. 짧은 고무줄에 걸려 있는 추가 지탱할 수 있는 최대한의 무게라고 가정해보자. 그렇다면 8배 더 무거운 추는 틀림없이 긴 고무줄을 끊어버릴 것이다. 만약 여러분이 신체 비율은 그대로 유지한 채 곤충의 크기로 작아질 수 있다면, 작아진 만큼 강해질 것이다. 여러분도 곤충처럼 할 수 있다. 천장을 걷는 일 따위 말이다. 어떻게 그럴 수 있을까? 모습이 작아지면 원래 모습일 때보다 근력은 훨씬 적다. 그러나 몸무게로 비교하면 작은 모습일 때가 훨씬 더 강하다. 따라서 끈적이는 발로 천장에 거꾸로 매달려서 떨어지지 않고 걸을 수 있다. 엉뚱한 생각은 하지 말이리. 신발 비닥에 아교를 붙일 수는 있겠지만 평소 크기의 여러분은 천장을 걸어다닐 수 없다. 몸무게에 비해 강하지 않기 때문이다.

여러분이
거인이 되면
어떻게 될까

《잭과 콩나무》란 동화책을 읽은 기억이 나는가? 그 이야기 속에서 거인은 강하고 무시무시하며 놀라운 일들을 할 수 있다. 그러나 만약 여러분이 실제로 거인이라면 할 수 없는 일들이 너무 많다는 사실에 놀랄 것이다. 아침에 침대에서 일어나는 것조차 큰 노력이 필요하다.

만약 여러분이 지금보다 10배 더 크다면, 훨씬 더 큰 걸음걸이로 걷게 된다. 그러나 무거운 몸무게 때문에 지금보다 더 빨리 달릴 수는 없다. 심지어 달리지 못할 수도 있다. 재빨리 일어나거나 뛰어오를 수도 없다. 여러분이 무거워진 몸무

빅 블루

오늘날 세상에서 가장 큰 동물은 서 있을 필요가 없다. 흰긴수염고래(blue whale)는 커다란 코끼리보다 약 24배 더 무겁다. 물 속에서 떠다니는 생물들은 육지 생물처럼 몸무게를 지탱할 필요가 없다. 또 충분한 먹이를 얻는 일도 그렇게 힘들지 않다. 흰긴수염고래의 일상은 해산물 잔치의 연속이다. 그는 입을 크게 벌리고 헤엄치면서 물과 작은 새우를 몇 톤씩 들이마신다.

게만큼 지구가 더 세게 잡아당기기 때문이다. 코끼리처럼 둔해질지도 모른다. 일단 일어나면 넘어지지 않게 조심해라. 무겁고 클수록 넘어졌을 때 부상당할 가능성이 더욱 높다.

신체에 작용하는 중력을 몸무게라 한다. 중력이 사람보다 곤충에게 덜 작용하는 것과 마찬가지로 거인에게는 더 강하게 작용한다. 코끼리처럼 아주 큰 동물이 작은 동물보다 더 두꺼운 다리를 가졌다는 사실을 알아챘는가? 아주 커다란 동물은 몸무게를 지탱하기 위해 그렇게 두꺼운 다리가 필요하다. 여러분이 현재 크기보다 10배 더 커진다고 상상해보자. 단, 신체의 균형은 같다. 여러분은 10배 더 키가 크고, 10배 더 배가 나왔으며, 10배 더 옆으로 퍼졌다(즉, 가로·세로·높이가 모두 10배가 되는 것이다). 따라서 $10 \times 10 \times 10 = 1,000$. 다시 말해 몸무게가 1,000배나 더 나간다. 비록 다리가 지금보다 10배 더 두꺼워도 몸무게를 이기지 못하고 넘어질 것이다. 여러분의 다리는 지금보다 1,000배 더 무거운 몸무게를 지탱해야 하기 때문이다.

지금보다 10배 더 커진 여러분은 하루종일 무엇을 할까? 배부르게 먹는 데도 시간이 너무 오래 걸리기 때문에 아무 일도 할 수 없을 것이다. 동물은 크면 클수록, 활동하기 위해서는 더 많이 먹어야 한다. 3미터 높이의 코끼리는 육지에서 가장 큰 동물이다. 여러분은 코끼리들이 이동전화로 잡담을 나누고, 운동 경기를 하고, 학교에 다니며 시간을 보낸다고 생각하는가? 그들은 거의 하루종일 먹는다. 공룡들은 코끼리보다도 더 거대했다. 하지만 어떤 동물이라도 코끼리보다 100배 더 몸무게가 나갈 만큼 성장할 수는 없다. 충분한 먹이를 구할 수도 없고 서 있을 수조차 없을 테니까.

여러분이
개와 같은 후각을 갖는다면
어떻게 될까

이런! 참으로 냄새나는 세상일 것이다. 만약 여러분이 개와 같은 코를 가졌다면 몇 시간 전에 지나간 다른 사람들의 땀 냄새를 맡을 수 있다. 땅에 묻힌 쓰레기 냄새도 맡을 수 있다. 여러분의 코는 지금보다 더 크고 축축하며 요란해질 것이다.

사람은 시각이나 청각만큼 후각에 많이 의존하지 않는다. 하지만 여러분의 후각이 개처럼 발달한다면 코를 훨씬 더 많이 사용할 것이다. 개나 다른 동물은 위

코는 알고 있다

범죄자를 추적하기 위해 블러드하운드(벨기에 산 사냥개)를 활용하기 전에 경찰은 그 개가 얼마나 냄새를 잘 맡는지 알아보기 위해 실험을 한다. 경찰이 블러드하운드를 실험하는 방식은 다음과 같다.

경찰 한 명이 뉴욕 시 센트럴파트를 가로질러 걸어간다. 전날 밤 그 공원에서는 5만 5,000명이 모인 가운데 록 콘서트가 열렸다. 그는 또 야구 게임이 열렸던 잔디밭을 지나간다. 이제 마지막으로 많은 사람들이 개와 산책하는 거리를 걸어간다. 그 뒤 훈련된 블러드하운드에게 그 경찰의 옷을 주어 냄새를 맡게 한다. 보이지 않는 냄새 분자의 흔적을 따라 블러드하운드는 겨우 5분 만에 그 경찰을 찾아낸다.

험을 알아차리거나 배우자, 먹이 등을 찾기 위해 냄새를 이용한다. 심지어 자신의 영역을 표시할 때도 냄새를 이용한다. 따라서 다른 개들은 그곳을 떠나야 할지 알기 위해 냄새를 맡는다.

여러분은 공기 중의 냄새 분자가 여러분의 코 안에 도착해야 냄새를 맡을 수 있다. 코는 뇌에 신호를 보낸다. 자물쇠마다 알맞은 열쇠가 있는 것처럼, 각각의 냄새 분자는 코 안 여러 장소에 알맞게 퍼진다. 여러분이 느끼는 냄새의 종류는 코 안에 퍼진 냄새 분자가 특정한 장소와 결합함에 따라 달라진다.

대부분의 냄새는 여러 냄새 분자의 결합이다. 예를 들어, 발정기에 풍기는 암내는 서로 다른 분자 250가지를 포함하고 있다. 개는 특정한 분자의 조합에 기초해 냄새를 인식할 수 있다. 그것은 마치 여러분의 뇌가 음악이나 어떤 소리를 알아차리는 것과 같은 방식이다. 여러분의 뇌는 음의 특정한 조합을 인식한다.

이것은 어떤 향기일까

최고의 후각을 가진 동물은 누에나방이다. 수컷 누에나방은 11킬로미터 떨어진 곳에 있는 암컷의 존재를 알아차릴 수 있다. 하지만 개와는 달리 누에는 오직 그들의 짝만을 냄새맡을 수 있다. 그 외에는 다른 어떤 것도 냄새로 구별하지 못한다.

세상이 온통 냄새로 가득하군!

개의 후각은 사람의 후각보다 100만 배 더 발달했다. 개는 냄새 분자 다섯 개가 코에 들어오면 냄새를 맡을 수 있다고 가정해보자. 그렇다면 사람은 냄새 분자 500만 개가 코에 들어올 때까지 그 냄새를 알지 못한다.

"야호! 엄마가 초콜릿 칩 쿠키를 굽고 있구나!"

what if?

만약 여러분이
새처럼 날 수 있다면
어떨가

날개를 퍼덕거리며 원하는 어느 곳이든 날아갈 수 있다니 멋지지 않은가? 꽉 막힌 교통체증 때문에 걱정할 필요도 없다. 하지만 모두가 날 수 있다면 하늘은 몹시 복잡할 것 같다.

비행기는 어떻게 날 수 있을까

비행기는 베르누이의 원리에 기초하여 난다. 베르누이의 원리란 물이나 공기의 속도가 빠르면 압력이 낮아지고, 느리면 높아진다는 것이다. 비행기 날개를 옆에서 보면 아래쪽은 평평하고 위쪽은 둥근 모양이다. 또 윗부분 앞쪽은 두껍고 뒤로 갈수록 가는 형태를 띤다. 따라서 비행기가 앞으로 나아갈 때 뒤로 흐르는 공기의 속도는 날개 위쪽과 아래쪽이 서로 다르다. 즉, 아래쪽보다 위쪽이 훨씬 빠르다. 결국 공기의 속도가 빠른 위쪽보다 느린 아래쪽의 압력이 커져 날개를 밀어올리기 때문에 비행기가 하늘로 날아오를 수 있는 것이다. 베르누이의 원리를 실험하려면 바람을 넣은 풍선 두 개를 준비하라. 그리고 두 풍선을 줄에 매어 조금 떨어뜨려 나란히 놓아라. 두 풍선 사이로 힘차게 바람을 불어라. 그러면 풍선 두 개가 서로 접근할 것이다. 공기가 가장 빠르게 흐르는 곳에서 압력은 낮아지기 때문이다.

수천 년 동안 사람들은 새를 바라보며 하늘을 나는 꿈을 꾸었다. 심지어 커다란 날개를 몸에 잡아매기도 했다. 쿵! 그들은 늘 땅에 떨어졌다. 사람은 겨우 100년 전에야 비행기를 타고 하늘을 날 수 있었다. 어떤 엔진도 없이 탑승자 한 사람의 힘을 이용해서 날 수 있는 초경량 비행기를 개발했다. 이런 특별한 비행기를 타는 사람은 비행기의 프로펠러를 돌리는 일종의 자전거 페달 같은 장치를 밟아야 한다. 그렇기 때문에 아주 멀리까지 날기 위해서는 강한 체력이 필요하다.

왜 사람은 날개를 매달고 날 수 없을까? 첫째, 사람의 팔은 대부분 강하지 못하다. 둘째, 우리는 새가 날개짓하는 것처럼 날개를 만들지 못한다. 비행기 날개도 위아래로 퍼덕거리지 못한다. 비행기는 공기를 뚫고 앞으로 나아가기 위해 프로펠러나 제트 엔진을 이용한다. 셋째, 우리가 날개를 매달고 날 수 없는 가장 중요한 이유는 우리가 몸무게에 비해 강하지 못하다는 점이다. 대부분의 새들은 아주 가볍고 뼈 속이 텅 비어 있다. 따라서 날개를 퍼덕거리기만 해도 공중에 몸이 떠 있도록 유지할 수 있다. 그러나 새가 클수록 날개도 더 길어야 한다. 큰 날개를 퍼덕이기 위해서는 작은 날개를 퍼덕일 때보다 더 많은 힘이 필요하다. 그것이 사람처럼 무거운 새가 존재하지 않는 이유이다.

세상이 거꾸로 보이면 어떨까

마룻바닥이 여러분 위에 있을 것이다. 산은 아래로 뾰족할 것이다. 만약 거꾸로 봐야 한다면 친구의 얼굴을 알아보기도 힘들 것이다(직접 실험해보자. 가족사진을 거꾸로 놓고 보아라). 아직도 어지러운가?

그러나 여기 이상한 일이 있다. 여러분의 눈이 실제로는 항상 세상을 거꾸로 본다는 사실이다. 우리의 눈 바깥쪽에는 렌즈가 있다. 빛은 이 렌즈로 들어와 눈 뒤쪽 '스크린'에 상을 거꾸로 만든다. 이 스크린을 망막이라 부른다. 망막에 도착한 빛은 메시지로 변하여 여러분의 뇌로 간다. 여러분의 뇌는 망막에 비친 이 상을 휙 뒤집어 똑바로 된 상으로 보이게 한다.

세상을 거꾸로 포착하는 또 다른 것이 있다. 바로 여러분이 사진을 찍을 때 사용하는 카메라가 바로 그것이다. 카메라는 인간의 눈과 같은 원리로 설계되었다. 외부 물체에서 나온 빛은 카메라 렌즈로 들어간다. 카메라는 뒤쪽에 위치한 필름에 거꾸로 된 상을 만들어낸다.

세상을 보는 우리 뇌의 능력은 참으로 대단하다. 과학자들은 사람들에게 특별한 안경을 씌워 실험했다. 그 안경은 세상을 거꾸로 보게 만들었다. 여러분이 그런 안경을 쓰고 있다고 생각해보자. 갑자기 모든 것이 아주 이상하게 보일 것이다. 여러분은 아마도 주위를 돌아다니다가 물체와 부딪힐지도 모른다. 하지만 이상한 일이다. 이 안경을 2~3일 동안 계속 쓰면 여러분은 세상을 똑바로 보기 시작한다. 여러분의 뇌는 거꾸로 된 세상을 정상적으로 보는 방법을 알고 있다. 따라서 세상을 거꾸로 보게 하는 안경을 쓰고 있다는 사실조차 알아차리지 못하게 된다. 과학자들도 뇌가 어떻게 그런 일을 하는지 아직 알지 못한다.

돋보기 마술
거꾸로 된 상은 어떻게 만들어지나

돋보기와 종이 한 장을 구해라. 책이나 판지처럼 단단한 물체에 종이를 붙인 뒤 바닥에 세워놓아라. 그리고 램프를 종이에서 얼만큼 떨어진 위치에 놓아라. 그러면 램프에서 나온 빛이 종이에 도착할 것이다. 돋보기를 종이와 램프 사이에 놓아라. 램프의 뒤집힌 상이 종이 위에 나타난다. 만약 그 상이 나타나지 않으면, 나타날 때까지 돋보기를 종이 쪽에 가까이 또는 멀리 옮겨보아라. 또 숟가락의 움푹한 면에 얼굴을 비춰보면 여러분의 거꾸로 된 모습을 볼 수 있다.

눈이 세 개라면 어떨까

사실 우리의 눈은 세 개다. 우리는 모두 뇌 한가운데에 일종의 세 번째 눈을 갖고 있다. 이 '세 번째 눈'을 송과선이라 한다. 송과선은 사물을 보지는 못하지만 빛을 감지한다. 송과선의 주된 기능은 우리의 기분을 통제하는 것이다. 또 신체의 리듬을 하루 24시간 주기에 맞춘다. 물고기, 개구리, 도마뱀 같은 동물은 두 눈

엄지손가락을 위로
우리가 거리를 판단하는 법

팔을 쭉 펴고 엄지손가락을 들어라. 왼쪽 눈을 감고 엄지손가락과 멀리 위치한 또 다른 물체를 함께 바라보아라. 이제 엄지손가락을 보면서 동시에 왼쪽 눈을 뜨고 오른쪽 눈을 감아라. 멀리 있는 물체와 비교할 때 손가락은 이동한 것처럼 보일 것이다. 이제 엄지손가락을 조금 전보다 얼굴에 더 가까이 놓고 실험을 반복해라. 이번에는 손가락이 훨씬 더 멀리 이동한 것처럼 보일 것이다. 손이 얼굴에 더 가까워지면 두 눈은 더 다른 방향에서 엄지손가락을 보기 때문이다. 여러분의 뇌는 사물이 얼마나 멀리 있는지 알아보기 위해 각각의 눈이 바라보는 방향의 차이를 이용한다.

외에 또 다른 방향에서 볼 수
있게 해주는 진짜 세 번째 눈
을 갖고 있다.

만약 우리에게 세 번째 눈
이 있다면 어디에 놓는 것이
가장 좋을까? 뒤통수는 어떨
까? 만약 그곳에 세 번째 눈
이 있다면, 모든 방향을 한 번
에 볼 수 있다. 만약 누군가
살금살금 다가와도 고개를 돌
리지 않고 그 모습을 볼 수
있을 것이다.

손가락 끝에 놓는 것은 어떨까?

그렇다면 어떤 물체에 손을 가까이 대고 자세히 살필 수 있을 것이
다. 만약 팔을 뻗는다면 손가락 '눈'은 머리에 달린 두 눈에서 아주
멀리 위치할 것이다. 눈 사이의 공간 때문에 사물이 얼마나 멀리 있
는지를 지금보다 훨씬 더 정확하게 판단할 수 있을 것이다. 어떻게
그럴 수 있을까? 아주 멀리 떨어진 곳에 위치한 물체와의 거리를
판단하기란 쉬운 일이 아니다. 그것은 멀리 떨어진 물체를 볼 때 두
눈이 거의 같은 방향을 보기 때문이다. 하지만 눈 사이가 훨씬 더
멀리 떨어진다면, 각각의 눈은 비슷한 방향을 보지 않을 것이고, 따
라서 거리를 더욱 쉽게 판단할 수 있다(우리가 거리를 어떻게 판단
하는지 '엄지손가락을 위로' 실험을 통해 확인하라).

what if? 사람들이 모두 똑같이 생겼다면

어떻게 될까

누가 누군지 어떻게 알 수 있을까? 아마도 사람들은 항상 이름표를 달고 다녀야 할 것이다. 아니면 냄새처럼 사람을 구분할 수 있는 다른 방법을 개발해야 할지도 모르겠다. 모든 사람이 똑같이 생겼다면 나쁜 짓을 하고서도 다른 누군가로 가장해 벌을 받지 않고 무사히 넘어갈 수 있을 것이다.

정말로 모두 똑같이 생길 수 있을까? 과학자들은 체세포 복제라는 과정을 통해 동일한 개체를 만드는 방법을 개발했다. 정상적인 경우에 어머니의 난자는 아버지의 정자와 만나 수정된다. 이 수정란은 아버지와 어머니로부터 유전자를 받은 것이다. 수정란은 여러 번 분열하여 아기가 된다. 이 아기의 유전자는 양쪽 부모의 유전자를 합쳐놓

복제도시에
오신 것을
환영합니다

은 것이다. 따라서 어느 쪽 부모와도 동일하지 않다. 반면에 체세포 복제로 태어난 동물은 하나의 세포—각각의 부모로부터 하나씩이 아니라—에서 만들어진다. 따라서 그 세포의 주인과 동일하다. 일란성 쌍둥이 역시 하나의 세포에서 시작한다. 따라서 그들도 어떤 의미에서는 클론(복제 인간)이라 말할 수 있다.

몇 년 전 돌리라는 이름의 복제 양이 탄생했다. 이는 복잡한 동물이 성공적으로 복제된 첫 번째 사건이었다. 어떤 과학자들은 이제 인간도 복제할 수 있다고 생각한다. 그러나 대부분의 사람들은 바람직하지 못하다고 생각한다. 누가 누구를 복제하라고 결정할 수 있단 말인가? 복제된 인간은 동등하게 대접받아야 하는가 아니면 차별받아야 하는가? 자연의 법칙을 거스르는 행동이 옳은가? 이런 윤리적 문제들에 대해 끊임없이 토론하고 있다.

만약 부모가 아기의 생김새를 선택할 수 있다면 어떻게 될까

아기의 모습을 선택할 수 있다는 생각이 억지스러운 것은 아니다. 과학자들은 이미 특정 동물이나 인간의 유전자를 꺼내 대체하는 방법을 알고 있다. 유전자란 여러분을 지금의 모습으로 만드는 명령, 예를 들어 소녀가 될지 소년이 될지 또는 머리카락이나 눈의 색을 결정하는 세포 중 일부이다.

어떤 질병은 식물이나 동물의 유전자 속에 프로그램되어 있다. 그런 질병은 한 세대에서 다음 세대로 전해진다. 어떤 과학자들은 유전공학을 연구한다. 유전공학이란 동물이나 식물이 좋은 특성은 얻도록 하고 나쁜 특성은 피하도록 개량하는 학문이다. 농부들은 곡물이나 가축에게 이런 방법을 적용한다. 언젠가는 건강한 유전자로 아기 몸 속의 질병 유전자를 치료할 수 있게 될지도 모른다. 또 나쁜 시력, 평발, 고르지 못한 치아를 예방하기 위해 이런 방법을 이용할지도 모르겠다. 하지만 만약 누군가 슈퍼 지능과 슈퍼 근육을 가진 슈퍼 아기를 낳기 원한다면 어떻게 될까? 과연 가능할까?

what if? 다른 사람의 생각을 알 수 있다면 어떨가

여러분은 마음을 닫고 싶을 것이다. 친구가 "그 옷 참 멋있다!"라고 말하지만 속으로는 '정말 우스운 옷이야'라고 생각한다는 것도 알게 된다. 반면에 다른 사람

심령 IQ 테스트
여러분이 사람의 마음을 읽을 수 있는지 알아보는 방법

카드 한 벌을 준비해라. 그리고 탁자를 사이에 두고 친구와 마주앉아라. 친구에게 카드를 주고, 하나씩 보게 해라. 친구가 카드를 보는 동안, 여러분은 그것이 하트, 다이아몬드, 클럽, 스페이드 중 어느 것인지 맞혀보아라. 여러분의 추측이 맞았는지 친구에게 알려달라고 해라. 한 벌을 끝낸 후 그 결과를 기록해라.

카드는 네 종류이다. 확률의 법칙에 의하면 4번 중 1번은 바로 맞혀야 한다. 카드 한 벌은 52개로 구성되어 있다. 따라서 대략 13번은 맞힐 것이다. 운이 좋으면 그보다 더 많이—약 16번 정도—맞힐 수 있을 것이다. 그러나 훨씬 더 많이—예를 들어 25번—맞힌다면 여러분은 마음을 읽는 능력을 가졌을지도 모른다. 실제로 텔레파시가 없어도 매번 맞힐 수도 있다. 친구가 특별한 기분을 느끼게 해주려고 틀렸어도 맞았다고 말할 수도 있는 것이다. 이런 일이 일어나지 않도록 어떻게 실험을 바꿀 수 있을까?

이 여러분의 마음을 읽을 수 있다면 여러분이 간직한 비밀은 그 어떤 것도 안전하지 않다. 여러분이 몰래 좋아하던 사람이 갑자기 그 사실을 알고는 모두에게 말하고 다닐지도 모른다.

어떤 사람들은 다른 사람의 생각을 읽을 수 있다고 주장한다. 이런 능력을 텔레파시라고 한다. 비록 텔레파시가 진짜라고 주장하는 사람들도 있지만 대부분의 사람들은 확신이 없다. 과학자들은 텔레파시가 가능한지 실험했다. 예를 들어, 한 사람에게 카드를 보게 한 후, 두 번째 사람에게 첫 번째 사람이 본 카드를 맞히게 한다('심령 IQ 테스트'를 직접 해보아라).

지금까지는 어떤 실험도 텔레파시가 정말로 존재한다는 사실을 분명하게 보여주지 못했다. 실험을 하는 사람은 상대방이 속이지 않는다고 확신할 수 없었던 것이다. 때로 카드를 알아맞히는 사람이 운좋게 평소보다 더 잘 맞히기도 한다.

과학자들은 마음을 읽는 것이 가능하다는 것도, 불가능하다는 것도 증명하지 못했다. 어쩌면 텔레파시는 아주 드물지만 실제로 일어날 수도 있다. 어떤 사람들은 아주 특별한 경우 또는 일란성 쌍둥이처럼 아주 특별한 사람에게만 일어난다고 생각한다. 여러분은 어떻게 생각하는가? 오, 말하지 않아도 된다. 나는 이미 알고 있으니까.

"죄송합니다. 제 마음은 잠깐 외출중입니다.
메시지를 남겨주세요."

9장

슈퍼스타와 커다란 치즈
해와 달

중력은 우주 안의 모든 물체를 서로 잡아당긴다. 하지만 그 중 하나가 아주 커야만 이 사실을 알아차릴 수 있다. 큰 물체는 가벼운 물체보다 중력이 더 크기(더 강하게 잡아당긴다) 때문이다. 태양은 태양계에서 가장 큰 물체다. 태양의 중력은 모든 행성을 잡아당긴다. 하지만 행성들은 태양과 충돌하지 않는다. 그 주위를 돌기 때문이다. 만약 어떤 행성이 궤도에서 공전하지 않는다면 그것은 중력에 의해 태양으로 끌려갈 것이다. 달은 지구 주위를 돈다. 그것은 지구의 중력 때문이다. 태양의 중력은 너무 강한 나머지 스스로를 찌그러뜨려 열을 낸다. 이런 작용 때문에 태양은 밝게 빛나며 엄청난 양의 에너지를 발하는 것이다. 모든 항성은 태양처럼 스스로 에너지를 생산한다. 그러나 그 양은 항성마다 다르다. 어떤 항성이 만약 태양과 같은 거리에 위치한다면 훨씬 더 밝게 보일 것이다.

태양이 더 이상 빛나지 않으면 어떻게 될까

무서운 것은 태양이 언젠가는 빛나지 않을 거라는 사실이다. 하지만 지금부터 약 50억 년이 지난 후의 얘기다. 그 시간은 이제까지 태양이 빛나온 시간만큼이나 길다.

태양은 항성이다. 태양은 다른 어떤 항성보다 우리에게 밝게 보인다. 태양이 다른 항성보다 훨씬 더 가까이 있기 때문이다. 어떤 항성은 빨간색이고, 어떤 항성은 파란색이며, 또 어떤 항성은 태양과 마찬가지로 노란색이다. 항성의 색은 온도에 따라 달라진다. 빨간 항성과 파란 항성 중 어떤 것이 더 뜨겁다고 생각하는가? 빨간색이라고 생각한다면 틀렸다. 사람들은 대부분 '빨간색은 뜨겁고 파란색은 차갑다'고 생각한다. 하지만 항성은 파란색이 가장 뜨겁고, 빨간색 항성은 노란색이나 파란색 항성보나 온도가 낮다.

태양은 늘 같아 보인다. 하지만 아주 긴 시간이 흐른 뒤에는 태양도 다른 항성과 마찬가지로 변할 것이다. 그것은 끊임없이 내뿜는 빛 에너지 때문이다. 에너지를 내뿜는 모든 것은 어떤 방식으로든 변한다. 야영할 때의 모닥불처럼 태양과 모든 항성들은 결국 다 타버릴 것이다. 하지만 걱정할 필요는 없다. 이런 일이 일어나려면 수십억 년이 걸릴 테니까. 그때가 오면 다른 항성 주위를 도는 행성으로 이사해야 할지도 모르겠다.

태양은 생명이 다할 즈음에는 적색거성이 될 것이다. 색이 붉게 변하고 지금보다 훨씬 커질 것이다. 태양은 너무 커져서 지구를 삼켜버릴지도 모른다. 고개를 들었을 때 하늘을 거의 뒤덮는 커다랗고 빨간 태양이 있다고 상상해보라! 이런 일이 일어난다면 지구는 아주 뜨거워질 것이다. 태양은 과거보다 더 많은 열을 낼 것이다. 비록 이 커다랗고 빨간 태양이 실제로는 식는 중이라 해도 말이다. 이 상한 얘기처럼 들리는가? 난로 위 커다란 냄비에 가득 들어 있는 뜨거운 물과 활활 타는 성냥 한 개비를 비교해보자. 성냥이 훨씬 더 뜨겁지만 방출하는 열은 오히려 물이 더 많다. 물이 훨씬 더 많기 때문이다.

초강력 초신성

우주 안의 모든 항성이 천천히 타는 것은 아니다. 태양과 달리 아주 커다랗고 뜨거운 어떤 항성은 굉장한 폭발과 함께 파괴된다. 이렇게 사라지는 항성을 초신성이라 한다. 중심부의 연료 대부분을 태운 후 그들은 저절로 폭발하여 산산조각 난다. 그리하여 항성의 핵을 둘러싼 다양한 색의 먼지 구름을 남긴다. 항성이 초신성이 될 때면 너무 밝아 낮에도 볼 수 있을 정도이다. 하지만 초신성은 아주 드물게 나타난다. 가장 최근 은하계에서 초신성이 나타난 것은 거의 1,000년 전의 일이다. 초신성 폭발로 인하여 발생한 먼지 구름은 지금도 망원경을 통해 볼 수 있다. 그 대표적인 예가 게성운(황소자리 성운)이다. 때로는 아주 큰 항성이 폭발할 때 그 항성의 중심 또는 핵이 붕괴되면서 우주의 가장 신비로운 물체 중 하나인 블랙홀이 만들어진다. 블랙홀의 중력은 너무 강력해서 빛조차 도망칠 수 없다.

내일 태양이 뜨지 않으면 어떻게 될까

밤이 계속되어 수탉은 언제 울어야 할지 모를 것이다. 사람들은 "지구의 종말이 다가오고 있다! 세상이 끝나고 있다!"고 외칠 것이다.

옛날 사람들은 일식(달이 태양을 가리는 현상)을 세상이 끝나는 징조라고 여겼다. 아무런 예고 없이 갑자기 발생한다고 생각했기 때문이다. 그들은 또 일식을 신이 보내는 신호라고 믿었다. 오늘날 우리는 일식이 어떻게 발생하는지 알고 있으며, 그 시기도 미리 알 수 있다.

사실, 태양은 떠오르는 것이 아니다. 단지 그렇게 보일 뿐이다. 태양이 떠오르

태양 차단

일식이 일어나면 태양은 가장자리가 번쩍이는 평평하고 검은 원반처럼 보인다. 일식은 달이 태양과 지구 사이를 지나가면서 지구에 그림자를 드리울 때 일어난다. 일식 동안 달 그림자는 특정한 길을 따라 지구를 가로질러간다. 그 길에 위치한 사람은 개기일식을 볼 수 있다. 개기일식은 달이 태양을 완전히 가리는 것이다.

는 것처럼 보이는 것은 지구가 매일 자전축을 기준으로 한 바퀴 회전(자전)하기 때문이다. 지구가 자전함에 따라 우리는 점점 떠오르는 태양을 볼 수 있다. 결국 태양이 지평선 위로 올라간다. 지평선은 하늘과 땅이 맞닿은 지점이다. 우리가 태양이 '떠오르는' 모습을 볼 수 없게 되는 유일한 때는 지구의 자전이 느려지거나 멈출 경우이다.

만약 대단히 큰 소행성이 적당한 방향에서 지구와 충돌한다면, 지구의 자전이 느려지면서 결국에는 멈출 수도 있다(커다란 소행성은 작은 행성과 맞먹는 크기다. 태양계 안에는 태양 주위를 돌고 있는 수천 개의 소행성이 존재한다). 이 소행성들은 언젠가 지구를 강타할지도 모른다. 하지만 커다란 소행성이 지구의 자전을 멈추게 만들 가능성은 실제로 거의 없다. 지구의 자전을 바꿀 만한 궤도를 가진, 아주 커다란 소행성은 없기 때문이다.

지구가 태양 주위를 원을 그리며 돌지 않으면 어떻게 될까

어떻게 될 것 같은가? 이것은 속임수 질문이다. 지구는 태양 주위를 원을 그리며 돌지 않는다. 지구의 궤도는 사실 타원이다. 이 타원 궤도 때문에 지구에서 태양 까지의 거리는 1년 내내 변한다. 어떤 때는 태양에 더 가까워지고, 어떤 때는 더 멀어진다.

또 놀라운 사실이 있다. 태양계의 행성은 아홉 개 모두가 태양 주위를 타원형 으로 돌고 있다. 대부분 지구와 마찬가지로 아주 약간 찌그러진 타원이다. 행성 의 궤도가 타원인 이유는 인력과 관련 있다. 태양과 행성 사이의 인력이 행성을 태양 쪽으로 잡아당김으로써 궤도를 타원형으로 유지하는 것이다.

긴 끈에 돌을 매달아 원을 그리며 빙빙 돌린다고 상상해보아라. 만약 끈이 끊어지면 돌은 직선으로 날아갈 것이다. 끈이 더이상 돌을 잡아당기지 않기 때문이다. 지구가 태양 주위를 돌 때, 지구와 태양 사이의 인력은 돌이 원형으로 돌게 유지하는 끈 같은 역할을 한다. 태양이 잡아당기지 않는다면 지구는 원을 그리기는커녕 멀리 날아가 버릴 것이다. 그러나 지구의 궤도가 정확한 원이 아닌 것은 인력이 이 끈과 같지 않기 때문이다. 인력은 쉽게 늘어나는 끈이다.

사실 태양의 인력은 행성이 태양에서 멀어질수록 약해진다. 만약 행성이 2배 멀어지면 태양이 미치는 인력은 4분의 1이 된다. '탄력 있는 끈'에 매달린 돌은 여러분이 어떻게 돌리느냐에 따라 원을 그리기도 하고 타원을 그리기도 한다. 지구와 다른 행성을 태양과 연결시키는 탄력 있는 끈도 마찬가지다. 과학자들은 행성이 태양 주위를 돌던 먼지와 파편의 구름으로 만들어졌다고 생각한다. 행성이 처음 생길 때 궤도는 원이 될 수도, 타원이 될 수도 있다. 하지만 조그만 영향에도 원은 타원으로 변할 수 있기 때문에, 원형 궤도보다는 타원형 궤도가 될 가능성이 더 높다. 따라서 행성이 처음 만들어졌을 때 원형 궤도였을 가능성은 거의 없다. 현재 행성은 모두 태양 주위를 타원 궤도로 돌고 있다.

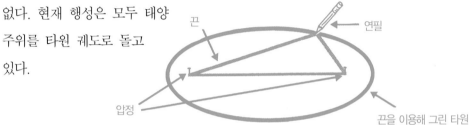

끈

연필

압정

끈을 이용해 그린 타원

화성에서 관찰된 찌그러진 원?

몇 백년 전 사람들은 모든 행성의 궤도가 완벽한 원이라고 생각했다. 행성은 하늘에 있고 하늘은 완전하다고 믿었기 때문에 그 생각은 자연스러운 것이었다. 독일의 과학자 요하네스 케플러(1571~1630)는 행성의 궤도가 원이 아니라 타원이란 사실을 처음으로 밝혀낸 인물이다. 케플러는 화성의 움직임을 신중히 관찰하다가 화성이 원이 아니라 타원을 그리며 움직인다는 사실을 발견했다.

여러분도 끈을 이용하여 타원을 그릴 수 있다. 끈의 양끝을 묶어 종이 위 압정에 걸어라. 그 줄은 압정 사이의 거리보다 약 2배 정도 길어야 한다. 연필을 줄 사이에 끼워 팽팽하게 잡아당겨라. 그런 다음 줄을 팽팽하게 유지하면서 종이 위에서 연필을 움직여보아라.

지구에 태양이 두 개라면 어떻게 될까

밤과 낮, 그리고 계절은 완전히 뒤죽박죽 될 것이다. 어쩌면 지금과 별로 다르지 않을 수도 있다. 이는 두 태양 사이의 거리와 또 지구에서 얼마나 멀리 떨어져 있느냐에 따라 달라질 수 있다.

　밤하늘에서 볼 수 있는 항성들은 사실 모두 태양이다. 그들 중 상당수는 쌍을 이루고 있다. 두 항성이 서로 가까이 있고, 지구에서는 아주 멀리 떨어져 있기 때문에 마치 하나의 항성처럼 보이는 것이다. 쌍성들은 서로의 주위를 돌고 있다. 만약 그들이 서로의 주위를 돌지 않는다면, 둘 사이의 인력 때문에 충돌할 것이고 커다란 항성 하나만 남을 것이다.

　태양도 이런 '쌍성'이라면 어떻게 될까? 지구는 어떤 궤도를 갖게 될까? 두 가지 가능성이 있다. 하나는 두 태양이 하늘에

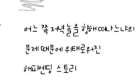

어느 쪽 저녁놀을 향해떠나느냐의
문제 때문에 위태로워진
해피엔딩 스토리

서 서로의 주위를 돌면서 나란히 나타나는 것이다. 지구의 공전 궤도는 두 태양이 서로의 주위를 도는 궤도보다 훨씬 더 커질 것이다. 또 두 태양은 회전하면서 서로 앞서거니 뒤서거니 할 것이다. 이는 지구에 도착하는 빛의 양과 색을 바꿀 것이다. 예를 들어, 하나는 커다랗고 빨간 태양(빨간 거인이라 부르자)이고, 다른 하나는 작고 흰 태양(흰 난쟁이라 부르자)이라고 해보자. 흰 난쟁이가 빨간 거인 앞을 지나서 그 뒤로 돌아감에 따라, 지구에 도착하는 빛은 흰색에서 빨간색으로 변할 것이다. 우리는 어쩌면 제3의 단어를 만들어야 할지도 모른다. 빨간 태양이 앞에 위치할 때는 '빨간 날', 흰 태양이 앞에 위치할 때는 '흰 날'이라고 말해야 할 것이다. 흰 날은 빨간 날보다 더 따뜻하고 밝으며, 실외의 모든 것은 다양한 색조를 띠게 될 것이다.

또 다른 가능성은 두 태양이 아주 멀리 떨어져 있고, 지구는 한쪽 태양에 훨씬 더 가까이 위치하는 것이다. 이럴 경우 낮에 하늘에서는 가까이 있는 태양을 보게 된다. 멀리 위치한 태양은 밤하늘에 항성처럼 나타날 것이다(몇몇 과학자들은 이것이 사실이라고 생각한다. '태양 하나, 태양 둘, 빨간 태양, 파란 태양'을 참고하라).

태양 하나, 태양 둘, 빨간 태양, 파란 태양

어떤 천문학자들은 태양계가 두 개의 태양을 가졌고 그 두 개의 태양은 서로의 주위를 돌고 있다고 믿는다. 우리가 보지 못하는 태양은 어디에 있는 걸까? 지금 보이는 태양에서 너무 멀리 떨어져 있어서 우리가 많은 항성 중에서 골라낼 수 없는 것인지도 모른다. 이 두 번째 태양이 실제로 존재하는지는 아무도 확실하게 알지 못한다. 하지만 발견될 경우를 대비하여 이름을 지어놓았다. 태양의 숨어 있는 단짝은 네메시스(Nemesis)라고 한다.

달이 떨어지면 어떻게 될까

왜 달은 운석처럼 하늘을 날아 지구에 떨어지지 않을까? 사실 지구의 인력이 달을 아래로 잡아당기고 있고 달을 붙잡아주는 것도 없지 않은가?

달은 하늘에 떠 있는 것이 아니라 지구를 중심으로 공전하고 있다. 지구 주위를 도는 달의 궤도가 변하지 않기 때문에 달은 결코 떨어지지 않는다. 아이작 뉴턴은 달이 떨어지지 않는 이유를 처음으로 설명했다.

달을 잡았어요!
사물이 떨어지지 않게 하는 궤도 운동의 원리

못을 이용하여 종이컵 가장자리에 작은 구멍 두 개를 마주보게 뚫어라. 두 구멍에 각각 줄을 맨 후 컵 안에 물을 조금 넣어라. 손으로 줄을 잡고 풍차처럼 팔을 휘둘러라. 그러면 줄 끝에 달린 컵이 원을 그리며 돌 것이다. 아주 빨리 돌린다면 컵이 원 꼭대기에 거꾸로 위치해도 물은 쏟아지지 않는다. 그것은 컵이 옆으로 향하려는 운동 때문이다.

여기 뉴턴의 주장을 소개하겠다. 우리가 아주 높은 탑을 지었다고 상상해보자. 너무 높아서 그 꼭대기는 지구의 대기권을 뚫고 솟아 있다. 만약 여러분이 탑 꼭대기에서 돌을 똑바로 떨어뜨린다면 돌은 탑 근처에 떨어질 것이다. 이제 그 돌을 옆으로 던진다고 가정해보자. 탑으로부터 멀리 떨어진 어떤 곳에 떨어질 것이다. 만약 그 돌을 빨리 던진다면, 더 먼 곳에 떨어질 것이다. 만약 누군가 지금까지 그 누구도 던질 수 없었던 엄청난 속도로 돌을 던진다면 지구에서 벗어나 지구 주위를 돌 것이다.

여러 가지 위성

행성 주위를 도는 물체를 위성이라 한다. 달은 자연적인 위성이다. 인공위성은 행성 주위를 공전하는 우주선이다. 인공위성은 기상 자료 수집부터 전세계 전화와 TV 방송 중계에 이르기까지 다양한 임무를 수행한다. 스푸트니크 1호는 인간이 쏘아올린 최초의 인공위성이다. 이 위성은 1957년 옛 소련(지금의 러시아)이 발사했다.

달은 지구의 위성이다. 뉴턴의 생각은 인공위성을 궤도에 올려놓는 방법을 설명해주었다. 만약 위성이 옆으로 향하려는 힘이 충분하다면, 그것은 결코 땅에 떨어지지 않을 것이다. 위성은 달과 똑같다. 달은 항상 지구 주위로 떨어진다. 따라서 곧장 아래로 떨어질 수 없다.

우리는 높은 탑 꼭대기에서 위성을 궤도에 올릴 수는 없다. 대신 지구에서 로켓에 위성을 실어 발사할 수는 있다. 하늘로 올라갔을 때 로켓은 방향을 바꿔 옆으로 간다. 위성이 곧장 아래로 떨어지지 않고 지구 주위를 도는 것은 바로 이 측면운동 때문이다.

what if? 달이 지구와 훨씬 더 가까워지면 어떻게 될까

지구와 가까워지면 달은 훨씬 더 크게 보일 것이다. 달의 생김새 역시 아주 잘 볼 수 있을 것이다. "달이 보이니?" 또는 "오늘 달이 어디 있지?"라고 묻는 사람은 없을 것이다. 대신에 "와, 저기 봐. 코페르니쿠스 크레이터(운석의 충돌 등으로 땅이 움푹 파이거나 둥근 구멍이 생긴 지형)가 있다!" 또는 "고요의 바다(인류가 달에 첫발을 내디딘 곳)야!"라고 외칠 것이다.

우리가 보는 사물의 크기는 실제 크기와 그것이 얼마나 멀리 있느냐에 따라 달라진다. 해와 달은 같은 크기로 보이지만 태양이 달보다 200배 더 크다. 태양이 약 200배 더 멀리 있기 때문에 달과 같은 크기로 보이는 것이다.

그런데 만약 달이 훨씬 더 가까워진다면 크기만 변하는 것이 아니다. 혹시 바닷가에 놀러갔다가 매일 두 번씩 바닷물이 들어왔다 나가는 모습을 본 적이 있는가? 이런 바다의 변화를 조수라 한다. 달의 인력이 조수의 주요 원인이다. 달은 자신과 가까운 곳은 더 강하게 잡아당기고, 멀리 떨어진 곳은 약하게 잡아당긴다. 이 힘의 차이 때문에 물이 모이고 조수가 생기는 것이다.

만약 달이 더 가까워지면 인력은 훨씬 더 강해질 것이다. 따라서 조수도 훨씬 더 커질 것이다. 밀물일 때 바닷물은 육지 위로 몇 킬로미터나 올라와 바다 근처 지역에 범람할 것이다. 썰물일 때는 몇 킬로미터나 빠져나갈 것이다. 밀물일 때 여러분은 절대로 바닷가 근처에 있지 말아라!

달과 지구 사이가 뉴욕과 캘리포니아만큼 가깝다면

뉴욕은 캘리포니아에서 약 4,800킬로미터 떨어져 있다. 만약 달이 지구와 이 정도로 가까워지면, 달은 지구의 인력 때문에 완전히 부서질 것이다.

어떻게 그런 일이 일어날 수 있을까?

달의 인력이 지구에 작용하는 것처럼, 지구의 인력도 달을 잡아당긴다. 그렇기 때문에 달이 지구 주위를 공전하는 것이다. 지구의 인력은 다른 영향도 미친다. 비록 달에는 전혀 물이 존재하지 않지만 조수를 만드는 것이다. 물도 없이 조수에 대하여 얘기한다는 게 이상하게 들릴 수도 있다. 하지만 지구의 인력은 달의 여러 지역에서 다르게 나타난다. 따라서 그 힘들은 달을 따로따로 잡아당긴다. 이것을 기조력이라 한다. 달이 지구에 가까워지면 기조력도 더 강해질 것이다. 결국 달은 완전히 부서지고 만다.

달이 있던 장소에는 많은 돌과 먼지만 남을 것이다. 이 돌과 먼지는 사방으로 퍼져 마치 토성의 고리처럼 지구 주위를 돌 것이다. 과학자들은 토성의 고리가 토성과 너무 가까워진 토성의 달이 부서져 생긴 것이라 믿고 있다.

what if? 달이 없었다면 어떻게 되었을까

행성 아홉 개 중에서 오직 두 개—수성과 금성—만이 달을 갖고 있지 않다. 만약 지구가 달을 갖고 있지 않다면 조수도 발생하지 않을 것이다. 바닷물이 매일 들어왔다 나가는 현상이 없어지는 것이다. 그러면 바다와 육지를 나누는 경계면이 가느다란 선으로 이뤄져 육지에 사는 생물들은 아주 다르게 진화했을 수도 있다.

원래 육지 생물은 바다에서 진화했다. 바다 생물이 육지로 올라와 진화한 것이다. 초기 육지 동물은 아마도 게처럼 살았을 것이다. 대부분의 시간을 조수가 발생하는 바닷가에서 보냈다는 얘기다. 이런 방법으로 초기 육지 동물들은 천천히

달 미치광이

보름달을 보고 울부짖는 사람이나 동물에 대한 얘기를 들어본 적 있는가? 보름달은 지구를 바라보는 달의 표면을 태양이 전부 비출 때 일어난다. 옛날에는 보름달이 사람의 감정을 휘저어놓는다고 믿었다. 그래서 미친 사람을 '루너틱스(lunatics)'라 불렀다(달을 뜻하는 에스파냐어가 'luna'다). 달 때문에 미쳤다고 믿었기 때문이다. 달력을 통해 매달 언제가 보름인지 알 수 있다.

땅에 익숙해졌다.

조수가 지금보다 작
았다면 바다 생물들은 육지에 적
응하기가 훨씬 더 힘들었을 것이
다. 따라서 달이 없었다면 모든 생명들은 여
전히 원래의 고향—바다—에서 살고 있을
지도 모른다.

'달'이 뭔데요?

나는 달에 도착한 첫 번째 인간이 될 겁니다.

달과 사과

과학자 아이작 뉴턴은 달을 바라보다가 나무에서 떨어지는 사과를 목격하고 만유인력의
법칙을 발견했다는 얘기가 있다. 뉴턴은 왜 사과가 나무에서 떨어지는 것처럼 달은 하늘
에서 떨어지지 않는지 자문했다. 그는 지구의 인력은 지구에서 멀리 떨어진 것에는 약하
게 작용한다고 생각했다. 그는 달이 궤도를 유지하기 위해 지구의 인력이 얼마나 약해져
야 하는지 골똘히 생각했다. 그리고 나서 우주의 두 물체 사이에는 같은 법칙이 작용한다
고 가정했다. 뉴턴이 발견한 것은 만약 두 물체 사이의 거리가 2배라면, 인력은 2×2=4,
즉 4배 더 약해진다는 사실이었다. 만약 그 거리가 3배라면 인력은 3×3=9, 9배 더 약
해진다. 만약 지구에 달이 없었다면 뉴턴은 이 법칙을 절대 발견하지 못했을 것이다.

만유인력의 법칙을 발견하지 못했다면 사람들은 위성을 발사할 엄두도 내지 못했을 것
이다. 자연적인 위성, 달이 없는 상태에서 누가 인공위성을 발사할 생각을 하겠는가? 또
달이 없었다면 우주 여행도 꿈꾸지 않았을 것이다. 달은 우리의 가장 가까운 이웃이다.
예를 들어, 달은 화성보다 200배 더 가깝다. 따라서 달까지의 여행이 훨씬 더 쉽다. 달
이 없었다면 우리는 절대 우주로 나갈 결심을 하지 못했을 것이다.

달로 이사가면
어떨까

여러분은 우주선에서 내리면서 기뻐 펄쩍펄쩍 뛸지도 모르겠다. 달에서는 높이 뛰어오르기가 쉽다. 달의 중력은 지구의 6분의 1밖에 되지 않기 때문이다. 즉, 달에서 여러분의 몸무게는 지금 몸무게의 6분의 1이 된다. 달은 크기가 훨씬 더 작기 때문에 지구보다 중력도 작다.

주위는 쥐 죽은 듯 고요할 것이다. 여러분이 박수를 쳐도 친구는 그 소리를 들을 수 없다. 음파를 전달할 공기가 없기 때문이다. 하늘은 밤이고 낮이고 깜깜할 것이다. 달에는 공기가 없기 때문이다(66쪽 '낮에도 하늘이 까맣다면 어떻게 될까?' 편을 참고하라). 달에는 왜 공기가 없을까? 기체 분자는 모든 방향으로 움직인다. 만약 아래로 잡아당기는 중력이 아주 약하면 기체 분자는 우주로 퍼져나갈 수 있다. 하지만 지구의 중력은 매우 강해서 산소와 다른 분자들이 우주로 날아가는 것을 막는다. 만약 달이 공기를 가졌더라도 낮은 중력 때문에 모두 우주로 새어나갔을 것이다. 달에는 공기가 없기 때문에 숨을 쉴 산소도 없다. 여러분은 우주복 안이나 완벽하게 밀폐된 아파트 안에서 숨을 쉬어야 한다. 아니면 지구에서 가져간 산소에 의존해야 할 것이다.

우주복은 또 밤과 낮의 극심한 기온 변화에서 여러분을 보호해줄 것이다. 달은 낮에는 130도까지 올라간다. 마치 오븐 속에 들어가 있는 것과 같다. 반면 밤에는 영하 170도까지 내려간다. 열이 우주로 달아나지 못하게 막아주는 공기가 없기 때문에 심한 기온 차이가 발생하는 것이다.

달에서 생활하는 것이 상당히 힘들 것임을 알 수 있다. 그렇다면 왜 사람들은 안락하고 편안한 지구를 두고 그곳에 살아야 할까? 글쎄, 달을 우주로의 출발점으로 이용하기 위해서일지도 모르겠다.

달에서는 낮은 중력 때문에 지구에서보다 로켓을 발사하기가 훨씬 더 쉽다. 우리가 다른 행성으로 여행을 자주 다니기 시작한다면, 지구보다는 달을 발사점으로 이용하는 것이 더 바람직하다. 어쩌면 여러분은 미래에 우주 탐험가가 될 수도 있다. 행성을 방문하기 전에 달에서 지구를 바라볼 수 있을 것이다. 고향에 있는 친구들에게 손을 흔들어주고 싶을 테니까.

위로 올라가야만 해……어!

만약 지구에서 헬륨 풍선을 놓아주면, 하늘로 올라간다. 공기보다 가볍기 때문이다. 달에서 헬륨 풍선을 놓는다면 어떻게 될까? 힌트:달에는 공기가 없다.

정답:헬륨 풍선은 떨어질 것이다. 만약 헬륨 가스가 풍선 밖으로 나온다면, 빠른 운동 때문에 헬륨 분자들은 우주 속으로 뿔뿔이 흩어질 것이다.

10장

명왕성까지 논스톱 비행
다른 행성 방문하기

태양계는 태양과 그 궤도를 도는 모든 것을 포함한다. 아홉 개의 행성과 그들의 위성은 모두 태양 주위를 돈다. 또한 위성은 태양 주위를 돌면서 주인 행성의 주위를 다시 돈다. 태양계는 많은 혜성과 소행성(태양 주위를 도는 행성보다 더 작은 천체)을 포함한다. 아홉 개의 행성이란 태양에서 가까운 순서대로 하면 수성, 금성, 지구, 화성, 목성, 토성, 천왕성, 해왕성/명왕성이다('/' 표시는 때로는 해왕성이, 때로는 명왕성이 태양에서 멀리 있기 때문이다). 행성 중 몇몇은 밤하늘에서 쉽게 관측할 수 있고 마치 항성처럼 보인다. 그러나 우리는 그것들이 항성이 아니라 행성이라는 사실을 알 수 있다. 행성은 태양 주위를

돌기 때문에 항성과 달리 밤새 움직이는 것처럼 보인다.

인간은 여러 행성에 우주 탐사용 로켓을 보냈고, 그 로켓들은 사진을 보내왔다. 그러나 아직 아무도 행성을 방문하지는 못했다. 몇몇 행성들은 환경이 너무 가혹해서 생명이 존재할 수 없다. 태양에 가장 가까운 행성들(수성과 금성)은 너무 뜨겁고 태양에서 가장 먼 행성들(천왕성, 해왕성, 명왕성)은 너무 춥다. 사람들이 이들 행성에 착륙할 가능성은 없다. 그러나 그 주위를 돌아보거나, 혹시 위성이 있다면 위성을 구경할 수는 있다. 우리의 이웃 행성인 화성은 아마도 사람이 방문하는 첫 번째 행성이 될 것이다. 하지만 우리가 언제 다른 행성에 사람들을 보낼 수 있을지 아무도 알 수 없다. 그것은 우리가 얼마나 빨리 기술을 발전시킬 수 있는지, 그리고 얼마나 간절히 다른 행성에 가기를 원하는지에 달려 있다.

수성에 가면

수성에서 눈을 뜬다고 상상해보자. 태양에서 가장 가까운 행성인 수성에서…….
그때가 해뜨는 시각이었다고 생각해보자. 수성의 하늘은 거대한 태양으로 가득
차 있다. 지구에서 보는 태양보다 3배 더 크다. 해가 뜬 후에도 하늘은 깜깜할 것
이다(수성에는 대기가 없다. 66쪽 '낮에도 하늘이 까맣다면 어떻게 될까?' 편을
참고하라). 그러나 수성 그 자체는 너무 밝아서 어두운 선글라스를 끼지 않으면
바라볼 수 없다. 온도는 재빨리 올라가기 시작한다. 10도에서 30도, 나중에는
260도까지 올라간다. 수성은 피자를 구울 수 있을 정도로 뜨겁다. 6개월 동안 계
속되는 낮에, 결국 수성의 기온은 350도까지 올라간다. 이는 납이 녹을 만큼 높
은 온도이다. 물론 여러분은 그때쯤이면 이미 구워졌을 것이다.

수성이 뜨겁다는 것은 쉽게 이해할 수 있다. 태양에 가장 가까이 위치한 행성
이기 때문이다(지구보다 3배 더 태양에 가깝다). 그러나 열을 유지할 대기가 없
기 때문에 수성의 밤 온도는 영하 170도까지 떨어진다. 즉 지구의 어떤 곳보다도
훨씬 더 춥다는 뜻이다. 만약 우주복을 입지 않는다면 몇 초 이내에 꽁꽁 얼어버
릴 것이다.

수성은 태양계의 어느 곳보다 밤낮의 온도 차가 크다. 이는 수성이 아주 천천
히 자전하기 때문이다. 해가 뜨는 시간에서 다음 해가 뜨는 시간까지 지구에서
걸리는 1일에 비교하면 무려 176일이나 걸린다. 이 말은 수성에서의 밤과 낮이
88일씩이라는 뜻이다. 따라서 태양이 없는 밤 동안, 온도는 엄청나게 내려간다.

그리고 또 다른 88일 동안은 엄청나게 올라가서, 수성은 태양 아래서 아주 뜨거워진다.

얼거나 구워지지 않고 방문할 수 있는 유일한 장소는 타는 듯 뜨거운 낮과 얼어붙듯 차가운 밤 사이에 있는 좁고 긴 땅이다. 하지만 수성이 자전하기 때문에 그 땅은 조금씩 이동한다. 여러분은 그 땅을 쫓아 매일 옮겨가야 할 것이다. 그 거리는 자그마치 86킬로미터나 된다.

여러분이 이 엄청난 추위와 더위를 이길 수 있는 우주복을 입었다고 가정해보자. 수성은 위성이 없기 때문에 여러분은 달을 볼 수 없다. 마치 달에서 하늘을 보는 것처럼 별이 빛나는 까만 하늘만 볼 수 있을 뿐이다. 사실, 여러 면에서 수성은 달과 비슷하다. 수성의 중력은 강하지 않아 대기가 우주로 달아나는 것을 막지 못한다. 수성에서 여러분의 몸무게는 지구에서 잰 몸무게의 절반밖에 나가지 않는다. 수성 표면은 달 표면과 마찬가지로 크레이터가 많다. 또 수성에는 물이 한 방울도 없다. 만약 있었더라도 오래 전에 증발하여 우주로 날아가 버렸을 것이다.

흠, 어쩌면 그곳에 가는 것보다 지구에서 수성을 바라보는 편이 훨씬 더 나을 것이다. 하지만 수성을 보는 일조차 그렇게 쉽지만은 않다. 수성은 태양과 너무 가까워 보통 태양의 바로 앞에 있거나 뒤에 있다. 따라서 수성은 해 뜨기 직전이나 해가 진 바로 직후의 지평선 부근, 즉 초저녁의 서쪽 하늘에서나 새벽의 동쪽 하늘에서만 잠깐 볼 수 있을 뿐이다.

금성에 가면

여러분은 튀겨지고, 찌그러지고, 독살당하고, 부식(산에 의해 살이 타 들어가는 것)될 것이다. 태양에서 두 번째 행성인 금성은 아마도 태양계 안에서 발을 들여놓기 가장 힘든 최악의 장소일 것이다.

금성은 어쩌면 방문하려 노력할 만한 가치가 없는 곳인지도 모른다. 그곳 환경은 생명체에게 너무 불리하기 때문이다. 하지만 만약 그런 위험을 감수할 수 있다면 금성에 갈 수 있는 우주선을 만들 수 있을 것이다. 금성의 대기권으로 들어가는 것은 마치 거대하고 노란 솜사탕 속을 뚫고 들어가는 것 같을 것이다. 금성은 이산화탄소와 황산으로 구성된 치명적인 노란 구름으로 덮여 있다. 구름은 금성을 감싸는 담요 같은 역할을 해서 열을 가둔다. 금성의 표면 온도는 약 480도이다. 수성보다 더 뜨겁다는 얘기다. 금성의 대기권은 지구보다 훨씬 더 두껍다.

만약 여러분이 금성의 표면에 서 있다면, 즉시 찌그러질 것이다. 지구 대기권보다 90배나 더 큰 압력으로 내리누르기 때문이다. 기압이란 한 면이 1인치(또는 1미터)인 정사각형 위에 있는 대기 속 모든 기체의 무게를 뜻한다.

만약 여러분이 감히 금성에서 숨을 쉬려 한다면 이산화탄소 때문에 숨이 막힐

"크림맙, 봐!
저기 UFO다!"

것이다. 그런 후 황산 비를 맞게 될 것이다. 금성을 둘러싼 노란 구름은 바로 이 황산 때문이다. 황산은 아주 강한 산이어서 대부분의 돌과 금속을 녹인다. 어쩌면 여러분이 타고 온 우주선까지 녹일 수 있다.

비록 금성에는 물이나 생명이 존재하지 않지만, 놀라운 경치를 보여준다. 두꺼운 구름 사이로 그 경치를 볼 수 있다면 말이다. 금성에는 지구의 그 어떤 곳보다도 더 가파른 산과 깊은 계곡이 있다. 맥스웰이라는 가장 높은 산은 높이가 11킬로미터이다.

흠, 금성을 방문하는 일은 지옥에 가는 것과 비슷할 것이다. 그러나 지구에서 볼 때 금성은 아름답고 밝다. 해 뜨기 전이나 해가 진 직후 낮은 하늘에서 금성을 찾아보아라. 이 때문에 금성을 샛별(morning star)이나 어둠별(evening star, 개밥바라기)이라 부른다. 물론 금성은 항성이 아니라 행성이다. 행성은 태양으로부터 빛을 반사하기 때문에 빛나는 것이다. 하지만 금성은 너무 밝아서 어떤 사람들은 그것을 미확인 비행 물체, 즉 UFO라고 생각했다.

뒤죽박죽 행성

만약 여러분이 금성에 머물 수 있다면, 아주 이상한 사실을 발견할 것이다. 금성에서의 하루는 지구의 1년만큼 길다. 금성은 매우 느리게 자전해서 한 바퀴 도는 데 243일이나 걸린다. 즉 금성에서의 하루는 지구의 243일이다. 하지만 금성이 태양 주위를 도는 시간은 겨우 225일이다. 따라서 금성에서는 1년이 하루보다 짧다. 마침내 다음 날이 왔을 때 동쪽에서 태양을 찾으면 안 된다. 금성은 거꾸로 자전하기 때문이다(태양 주위를 도는 방향과 반대로). 따라서 금성에서 태양은 서쪽에서 뜨고 동쪽으로 진다.

여러분은 곡괭이와 삽을 가져가고 싶을지도 모르겠다. 고대 화성 생명체의 화석을 발견할 수도 있으니까. 무인 우주선이 화성에 갔다왔지만 생물이 살았다는 증거는 발견하지 못했다. 그런데 최근, 화성에서 떨어진 운석을 연구하면서 과학자들은 화성에 한때 생명체가 살았다는 흔적을 발견했다. 하지만 초록색 외계인의 골격은 아니었다. 현미경으로만 볼 수 있는, 아주 작은 생물의 화석처럼 보이는 어떤 흔적이었다. 그래서 어떤 과학자들은 그 운석이 진짜 화석이 아니라 화석처럼 보이는 다른 어떤 것이 아닌지 의심하고 있다.

화성이 예전에 생명체를 가졌다는 사실을 알고도 우리는 거의 놀라지 않는다. 태양에서 네 번째 행성인 화성은 지구와 가장 비슷하다. 화성도 자전 주기가 24시간이다. 또한 자전축이 지구처럼 약간 기울었기 때문에 계절이 있다. 심지어 화성은 지구처럼 북극과 남극에 만년설까지 갖고 있다.

하지만 여러분은 여행가방을 꾸리기 전에 화성 역시 지구와 여러 면에서 다르다는 사실도 알아야 한다. 어떤 면에서는 그리 쾌적하지 못하다. 화성은 태양 주위를 한 바퀴 도는 데 지구보다 더 오래 걸린다. 따라서 화성의 1년은 지구의 2년과 거의 같다. 그래도 여러분은 살 수 있을 것이다. 화성의 여름은 20도로 쾌적하다. 그러나 겨울에는 화성을 방문하고 싶지 않을 것이다. 영하 140도로 무지무지 춥기 때문이다. 이렇게 여름과 겨울의 차이가 큰 이유는 화성의 대기권 때문이다. 화성의 대기권은 아주 엷고 건조하다. 따라서 많은 열을 보관할 수 없다. 대

기는 주로 이산화탄소로 이뤄졌다. 또 붉은 먼지를 많이 포함하고 있다. 그 붉은 먼지 때문에 화성의 하늘은 분홍빛이 도는 오렌지색으로 매우 아름답다. 때로는 강렬한 바람이 불어 붉은 먼지 폭풍이 행성을 휩쓸고 다닌다.

화성에는 비가 내리지 않는다. 표면에 물이 없기 때문이다. 그러나 말라버린 강바닥 같은 곳에는 예전에 물이 있었다는 많은 표시가 남아 있다. 화성의 지표면 아래에는 얼어붙은 물이 존재할지도 모른다. 만약 그렇다면 어떤 냉동된 생명체가 존재할 수 있지 않을까? 아직까지는 정확하게 알 수 없다.

감자 하나, 감자 둘-동기 궤도

화성은 작은 위성을 두 개 갖고 있다. 만일 화성 표면에서 망원경을 통해 그 위성들을 보면, 거대한 감자 두 개를 보고 있다는 착각이 들 것이다. 중력은 모든 커다란 행성과 위성을 둥글게 만든다. 그러나 화성의 위성들은 크기가 작기 때문에 둥글지 않다. 울퉁불퉁한 감자처럼 생겼다.

화성이 거느린 두 위성 중 하나는 화성의 자전 주기와 거의 같은 주기로 화성 주위를 돈다. 즉, 만일 당신이 화성 표면에 서 있다면 위성 하나는 늘 같은 위치에 떠 있는 것처럼 보인다는 뜻이다. 이 위성의 궤도를 동기 궤도라 한다. 우리는 지구에서 동기 궤도로 인공위성을 쏘아올린다. 따라서 그 위성들은 지구에서 바라볼 때 고정된 지점에 위치할 수 있다. 동기 궤도 위성이 지구 주위를 한 바퀴 도는 데 시간이 얼마나 걸리겠는가? (힌트:지구가 한 바퀴 자전하는 데 걸리는 시간은?)

정답:24시간

목성에 가면

태양계 여러분! 좋은 아침입니다.

목성은 태양계의 행성 중에서 가장 크다. 다른 모든 행성을 합친 크기보다 2배 이상 크다. 만약 목성의 속이 텅 비어 있다면 지구 크기의 행성을 1,000개나 넣을 수 있다. 그 거대한 크기는 중력이 지구보다 대단히 강하다는 뜻이다. 목성에서 여러분은 지구에서보다 2배 반이나 더 무거워진다. 물론 목성에 서 있을 수 있다면 말이다. 목성에는 단단한 표면이 없기 때문에 실제로는 그 위에 서 있을 수 없다.

목성은 태양에서 다섯 번째 행성이다. 지구보다 태양에서 5배 더 멀리 떨어져 있다. 따라서 아주 적은 양의 햇빛만을 받는다. 사실, 표면의 온도는 영하 110도로 매우 춥다. 목성은 주로 수소와 헬륨으로 구성되어 있다. 이들은 지구에서도 발견되는 기체들이다. 하지만 목성이 너무 춥기 때문에 이 기체들은 액체 상태로 있다. 오직 목성의 가장 안쪽 부분(중심핵)만이 고체다. 과학자들은 그곳이 돌과 얼음으로 이뤄졌을 거라고 추측한다.

이상하게도 목성에는 표면이 없다. 목성 안 액체와 그 위 대기권 사이에 분명한 경계선이 없는 것이다. 목성에 '착륙'을 시도하는 우주선은 점점 짙은 공기를 지나 결국에는 액체 속으로 가라앉아 버린다. 수소와 헬륨으로 구성된 두꺼운 대기는 태양에 좀더 가깝고 중력이 덜한 행성 위에 있었다면 우주 속으로 날아가

버렸을 것이다. 그러나 추운 목성 위에서는 그렇지 않다.

목성으로 가는 도중 여러분은 목성의 거대하고 붉은 반점을 보게 될 것이다. 그 반점은 지구에서도 망원경으로 쉽게 확인할 수 있다. 이 반점은 적어도 300년 동안 지속되어 온 거대한 소용돌이다. 이 소용돌이—맹렬하게 휘몰아치는 기체 덩어리—는 지구 전체보다도 더 크다. 또 여러분은 목성이 둥글지 않다는 사실을 알아차릴 것이다. 목성은 자전축을 기준으로 매우 빠르게—10시간마다 한 번—회전한다. 따라서 마치 피자 만드는 사람이 피자를 돌리다가 공중에 던졌을 때처럼 약간 납작하다.

우주선이 목성에 가까이 다가갔을 때 여러분은 어쩌면 그 행성 주위를 도는 16개의 위성 중 하나에 잠시 들르고 싶을지도 모른다. 이들 중 네 개는 거대(달에 비하여)하기 때문에 지구에서 망원경을 통해 쉽게 관측할 수 있다. 하나는 거의 수성의 절반만하다. 이오(Io)라고 하는 그 위성은 아주 흥미로운 곳이다. 이오는 지구의 달보다 조금 더 크며, 지구 외에 활화산을 가진 두 곳 중 하나이다. 이오는 화려한 색깔의 피자처럼 보인다. 그렇다고 한입 먹어볼 생각은 하지 말아라!

목성의 인사

목성에 다가갔을 때 여러분은 환영 인사—목성에서 보낸 무선 신호를 통해—를 받는다. 이것은 목성에 있는 무선국에서 방송하는 것이 아니다. WIJU(What If Jupiter⋯:가상의 목성 방송국)에서 보낸 것도 아니다. 목성의 자성에 의해 만들어진 것이다. 목성의 자성은 지구보다 1만 9,000배 더 강하다. 그 무선 신호는 우주선(宇宙線 cosmic rays)이라는 작은 입자가 목성을 지나갈 때 만들어진다. 목성의 자성은 이 입자들이 소용돌이치게 만들고, 그 입자들은 무선 신호를 내보내게 된다.

토성에 가면

여러분이 토성을 방문하기 전에 목성에 들렀다면 토성의 모습을 대충 짐작할 수 있을 것이다. 토성은 목성처럼 커서 지름이 지구의 9배다. 또 목성과 같은 물질—주로 수소와 헬륨—로 이뤄졌다. 토성도 정말 춥다. 지구보다 태양에서 10배 더 멀기 때문이다. 게다가 자전축을 기준으로 10시간마다 한 번씩 돈다.

그러나 토성은 다른 어떤 행성도 갖지 못한 특별한 것을 가졌다. 그것은 주위를 둘러싼 아름다운 고리다. 망원경을 통해 토성을 본 사람들은 그 고리에 탄성을 자아낸다. 천왕성과 해왕성 역시 고리를 갖고 있지만 토성의 고리처럼 크고 아름답지는 못하다. 토성의 고리들은 7만 4,000킬로미터나 뻗어 있는 넓은 띠다.

하지만 여러분이 망원경을 통해 토성을 관찰한다면, 그 고리를 볼 수 없는 때가 있다. 고리가 기울었기 때문이다. 마치 크고 넓은 테가 있는 모자를 쓴 사람을 보는 것 같다. 그 테를 일직선으로 바라본다면 전혀 보지 못할 수도 있는 것이다.

토성의 고리는 가까이 다가가면 전혀 다르게 보인다. 많은 얼음 덩어리와 돌로 이뤄졌다. 그것들은 모두 토성 주위를 돌고 있다. 토성의 고리는 아마도 너무 가까이 다가갔다가 토성의 중력 때문에 산산이 부서진 위성의 잔해일 것이다.

어쩌면 그 고리들은 토성의 스물한 번째 위성의 자취일 수도 있다. 토성은 위성을 20개나 갖고 있다. 그 위성들 중 하나인 타이탄(Titan)은 수성보다도 크다. 타이탄의 중력은 대기를 붙잡아둘 수 있을 정도여서 태양계에서 대기를 가진 유일한 위성이다.

토성의 빠른 회전은 시속 1,600킬로미터 이상의 엄청난 바람을 만들어낸다. 그러나 목성과 마찬가지로 토성에도 표면이 없다. 토성을 구성하는 액체와 그 위대기권 사이에 분명한 경계선이 존재하지 않는다. 수소와 헬륨으로 구성된 토성의 대기는 지구의 대기보다 30배나 더 짙다. 토성이 지구와 유일하게 비슷한 점은 중력이다. 대개 행성의 크기가 크면 그 중력도 강해진다. 그러나 행성을 구성하는 물질 역시 중력에 영향을 미친다. 따라서 토성은 지구보다 훨씬 더 크지만, 매우 가벼운 물질로 구성되어 있기 때문에 지구와 비슷한 중력을 가진 것이다. 사실, 토성은 너무 가벼워서 충분한 양의 물이 있다면 그 위에 뜰 수도 있을 것이다.

행성이냐 위성이냐?

타이탄은 수성보다 더 크지만 행성이 아니라 위성이다. 행성은 태양 주위를 돈다. 그리고 위성은 행성 주위를 돈다. 위성 주위를 도는 것은 뭐라고 불러야 할까? 꼬마 위성은 어떨까?

천왕성과 해왕성에 가면

태양과 멀어질수록 온도는 더욱 낮아진다. 여러분은 아마도 얼어붙을 만큼 추운 천왕성이나 해왕성을 방문하고 싶지는 않을 것이다. 평균 온도는 약 영하 216도이다.

이 거대하고 푸른 두 행성들은 태양과 너무 멀리 떨어져 있어서 지구에서도 희미한 별처럼 보인다. 사실, 약 200년 전까지 우리는 그들이 행성이란 사실을 알지 못했다. 천왕성은 누군가, "이봐, 저 별이 움직인다"라고 말했을 때 발견되었다. 해왕성은 다른 누군가가 "천왕성이 이동하는 방식이 정말 이상하군" 하고 말했을 때 발견되었다. 무엇인가 천왕성을 잡아당기는 것처럼 보였다. 어쩌면 또 다른 행성의 인력일 가능성이 있었다. 과학자들은 곧 인력이 작용하는 방향에서 해왕성의 위치를 알아냈다.

흘끗 보면 해왕성과 천왕성은 쌍둥이처럼 보인다. 둘 다 지구보다 4배 더 크며 같은 물질―주로 액체와 기체 형태의 수소―로 이루어져 있다. 그리고 자전 주기도 둘 다 17시간이다. 이 행성들도 고리를 갖고 있지만 토성의 고리와는 달리 아주 가늘고 어두워서 지구에서는 볼 수 없다.

두 행성 사이에는 차이점도 있다.

해왕성은 목성처럼 크고 어두운 점이 있다. 지구만큼 커다란 이 점은 시속 2,300킬로미터의 거대한 소용돌이다.

천왕성은 태양계에서 거의 90도 각도까지 기울어진 자전축을 가진 유일한 행성이다. 천왕성의 북극은 태양을 1년에 한 번 바라본다. 그리고 궤도의 절반(지구 시간으로 따지면 42년)을 돌아 태양과 가장 먼 곳에 위치한다. 천왕성은 왜 이렇게 심하게 기울었을까? 아무도 확실히 알지 못한다. 큰 충돌의 결과일 수도 있다. 태양계가 생긴 지 얼마 되지 않았을 때는 많은 행성들이 유원지의 범퍼카처럼 서로 부딪혔다.

위성이 오늘밤 부서질 것 같아!

두 행성 모두 많은 위성을 갖고 있다. 천왕성이 최소 15개, 해왕성은 최소 8개를 가졌다. 해왕성의 위성 중 하나인 트리톤은 해왕성 주위를 거꾸로 돈다. 이 역전 궤도 때문에 트리톤은 한 번 돌 때마다 해왕성의 인력에 의해 조금씩 잡아당겨진다. 해왕성에 너무 가까이 다가간 트리톤은 결국 해왕성의 인력 때문에 산산이 부서질 것이다. 그런 후 트리톤의 부서진 조각들은 사방으로 흩어져 해왕성 주변에 커다란 고리를 만들 것이다. 그러면 해왕성은 훨씬 더 토성과 비슷해질 것이다.

명왕성에 가면

만약 여러분이 명왕성에 도착했다면 태양에게는 작별인사를 해라. 바위가 많고 얼음으로 덮인 이 행성에서는 태양이 밝은 별쯤으로 보일 것이다. 당연히 명왕성은 너무너무 춥다(영하 223도).

여러분은 아마 명왕성이 태양에서 가장 멀리 떨어진 행성이라고 여길 것이다. 하지만 늘 그런 것은 아니다. 여러분이 이 책을 언제 읽느냐에 따라 해왕성이 태양으로부터 가장 멀리 떨어진 행성이 될 수도 있다(해왕성은 1979년부터 1999년 사이 명왕성보다 태양에서 더 멀리 떨어진 위치에 있었다). 명왕성이 때로 해왕성보다 태양에 더 가까이 위치하는 이유는 명왕성의 공전 궤도가 다른 어떤 행성의 공전 궤도보다 더 타원형(달걀 모양)이기 때문이다. 이 궤도 모양 때문에 명왕성에서 태양까지의 거리는 변동이 심하다. 명왕성이 태양 주위를 한 번 도는 데는 약 250년이 걸린다. 그 시간의 얼마 동안은 명왕성이 해왕성보다 태양에 더 가까워진다.

명왕성은 돌과 얼음으로 이루어진 작은 행성이다. 중력은 모든 행성 중에서 가장 약하다. 명왕성에서 여러분은 지구에서 잰 몸무게의 약 16분의 1밖에 나가지 않을 것이다. 따라서 16배 더 높이 뛰어오를 수 있다. 명왕성은 천왕성이나 해왕성의 위성들 중 하나와 매우 비슷하다. 어쩌면 명왕성은 예전에 해왕성의 위성이었을지도 모른다.

명왕성은 카론(Charon)이라는 이름의 위성을 가지고 있다. 카론은 정말 대단한 위성이다. 카론은 명왕성의 절반보다도 크다. 위성이 이렇게 크기 때문에 명왕성은 마치 이중 행성(double planet)처럼 보인다. 카론와 명왕성이 서로 궤도를 그리며 돌기 때문이다. 이들은 서로의 주위를 돌면서 서로에게 같은 면을 계속 보여준다. 만약 여러분이 명왕성 위에 서서 카론을 올려다본다면, 카론은 뜨거나 지는 일 없이 항상 하늘의 같은 곳에 머문다는 사실을 알게 될 것이다.

명왕성은 가장 최근에 발견된 행성이다. 지구에서는 아주 희미한 별처럼 보인다. 그런 까닭에 70년 전에야 비로소 발견되었다. 명왕성 뒤에 우리가 알지 못하는 행성들이 또 있을까? 물론이다. 그러나 그들은 아주 작거나 아주 멀리 떨어져 있을 것이다. 그렇지 않다면 지금쯤 그들을 발견했을 것이다.

이중 궤도의 신비
이중 궤도를 만드는 법

찰흙으로 같은 크기의 공을 두 개 만들어라. 연필 끝에 공을 하나씩 찔러넣어라. 손가락으로 연필의 균형을 잡고 그 지점(균형점)을 표시해라. 균형점은 분명히 연필의 가운데 위치할 것이다. 연필에 그린 균형점에 줄을 묶어 매달아라. 연필을 회전시키면 두 공은 원을 그리며 돌 것이다. 이때 각 찰흙공은 같은 크기의 원을 그린다. 공들은 그들 사이의 절반 지점을 돈다. 커다란 찰흙 덩어리를 나눠서 크기가 다른 두 공을 만든 다음 실험을 반복해라. 이제 작은 공은 커다란 원을 그리고, 큰 공은 작은 원을 그린다. 만약 공이 다른 하나보다 훨씬 더 크다면 작은 공이 도는 동안 큰 공은 거의 움직이지 않을 것이다.

균형점과 가까운 커다란 공은 균형점에서 먼 작은 공보다 작은 원을 그리면서 돈다. 작은 공은 큰 공보다 더 먼 거리를 이동한다. 같은 시간에 더 먼 거리를 이동하기 때문에 작은 공이 더 빠르다.

다른 항성 주위를 도는
행성에 갈 수 있을까

우리의 태양이 행성을 가진 유일한 항성은 아닐 것이다. 과학자들은 많은 항성들이 태양처럼 행성을 갖고 있다고 생각한다. 원한다면 가능한 한 지구와 비슷한 행성을 가지고 있는 항성을 찾아볼 수도 있을 것이다. 그러나 그곳에 가는 것이 불가능하지는 않더라도 쉽지는 않을 것이다.

오직 행성 두 개—목성처럼 거대한 행성과 명왕성처럼 아주 작은 행성—만을 가지고 있는, 그러니까 지구와 비슷한 중간 크기의 행성은 없는 항성을 발견할지도 모른다. 아니면 지구와 비슷한 크기의 행성은 있는데 항성에 너무 가까워 생명체가 살기에는 너무 뜨거울 수도 있다. 또 항성과 적당히 떨어져 있고 적당한 크기지만 생명체가 숨쉴 수 없는 대기가 그 위를 덮고 있을 수도 있다.

과학자들은 다른 항성들이 행성을 가지고 있다는 사실을 어떻게 알았을까? 아주 성능이 좋은 망원경을 사용해도 실제로 다른 항성 주위를 도는 행성을 본 사람은 없다. 행성은 항성처럼 스스로 빛을 발하지 못하며 그들이 받은 빛만을 반사해 빛나기 때문이다. 태양 주위를 도는 행성들은 관찰하기 쉽다. 다른 별보다 훨씬 가까이 있기 때문이다. 그러나 다른 항성의 주위를 도는 행성들은 너무 희미해서 볼 수 없다.

과학자들은 다른 항성 주위를 도는 행성이 있는지 밝혀내기 위해 도플러 효과를 이용한다. 경찰차나 앰뷸런스가 여러분을 지나칠 때 그 음조의 변화를 느껴본 적 있는가? 이―――오――― 비슷하게 들릴 것이다. 경찰차가 지나가기 전

사이렌에서 나오는 음파는 밀집해서 파장이
짧아진다. 차가 지나간 후에는 파장이 길
어진다. 소리의 파장에서 나타나는 이런
변화가 사이렌이 지나는 동안 우리 귀
에는 음조의 변화로 들린다.

E – E – E – 0 – 0 – 0

도 플 러 효 과

POLICE

짧은 파장은 고음으로 들린다

긴 파장은 저음으로 들린다

  도플러 효과는 광파에서도 일어난다.
광원이 관찰자에게 접근할 때, 광파는 주
름이 잡히듯 밀집한다. 줄어든 파장은 색의
변화로 나타난다. 광원이 다가올 때 그 빛은 푸르게
보인다. 광원이 관찰자에게서 멀어지면 파장은 약간 길어지
면서 그 빛은 조금 붉어진다. 이런 변화들은 너무 미묘해서 눈으로는 볼 수 없다.
분광계(spectrometer)라는 매우 정밀한 측정 장치를 이용해야만 그 차이를 확인
할 수 있다.

  그렇다면 다른 항성 주위를 도는 행성들을 발견하기 위해 과학자들은 도플러
효과를 어떻게 이용할까? 한 행성이 항성 주위를 돌 때, 그 항성 역시 작은 궤도
를 그리며 행성 주위를 돈다(155쪽 '이중 궤도의 신비'를 참고하라). 그 항성의
궤도가 지구에서 보인다고 가정해보자. 궤도의 일부분에서 항성은 지구를 향한
다. 그리고 다른 부분에서는 지구로부터 멀어진다. 따라서 그 항성은 궤도를 도
는 동안 푸르게 변했다가 또 붉게 변한다. 과학자들은 항성이 방출하는 빛의 파
장에서 나타나는 이런 작은 변화를 측정한다. 이 측정값에 근거하여 과학자들은
행성을 가진 항성을 12개 이상 발견했다. 또 과학자들은 그 행성들의 크기와 항
성 주위를 공전할 때 걸리는 시간을 알아낼 수 있다. 하지만 그 외의 사실들은 알
수 없다.

11장

나를 비추어다오
항성, 그리고 우주

약 1,000억 개의 다른 항성과 함께 태양계는 '은하계'라는 무리에 속해 있다. 만약 우리가 외부에서 은하계를 바라본다면 가운데가 약간 불룩 솟은 거대한 원반처럼 보일 것이다. 덜 익은 달걀 프라이처럼 말이다. 항성들은 은하라는 무리 안에서만 발견할 수 있다. 어떤 은하는 나선 은하로 나선형의 팔을 가지고 있으며 타원 은하는 달걀 모양을 하고 있다. 과학자들은 은하가 처음에 어떻게 만들어졌는지 확실히 알지는 못한다. 망원경 없이 여러분이 볼 수 있는 모든 항성들(더하

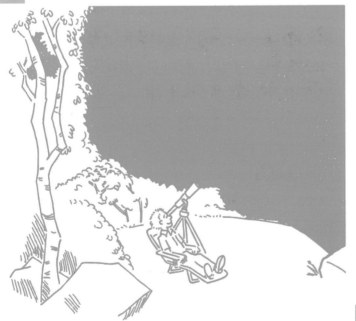

기 여러분이 볼 수 없는 수십억 개의 항성들)은 은하계 안에 있다. 은하계는 우주 속에 있는 수십억 개에 달하는 거대한 항성들의 무리 중 하나일 뿐이다. 우주란 존재하는 모든 것을 의미한다. 우주에는 끝이 없다. 은하계 이외의 은하는 지구에서 너무 멀리 떨어져 있어서 성능이 좋은 망원경을 사용하지 않으면 낱낱의 항성들을 관찰할 수 없다. 그것들은 단지 희미한 빛의 얼룩처럼 보인다. 그 중 몇몇은 행성들을 갖고 있을지도 모른다. 그리고 지적인 생명체가 존재할 수도 있다.

가장 가까운 항성으로 여행을 간다면 어떨까

항성으로 가는 여행은 많은 문제가 있다. 우선 여러분은 항성에 착륙할 수 없다. 태양에 착륙을 시도하는 것과 같기 때문이다. 즉 항성은 너무 뜨거운 데다 단단하지도 않다. 주변에 기지로 이용할 수 있는 행성이 있길 바라야 할 것이다. 만약 그렇지 못하다면 일단 항성 근처에 도착한 후 주위를 돌면서 시간을 보내야 할 것이다.

너무도 멀리 있는 항성들!

가장 가까운 항성이 얼마나 멀리 떨어져 있는지 생각해보자. 우선, 태양과 가장 가까운 항성이 축구장 길이만큼 떨어져 있다고 가정해보자. 그렇다면 지구는 태양으로부터 겨우 1.6밀리미터, 즉 연필심의 지름만큼 떨어져 있을 것이다. 때문에 태양이 하늘에 있는 다른 어떤 항성보다 우리에게 더 크고 밝게 보이는 것은 당연하다.

이제 옛 우주 비행사 마이클 콜린스가 다른 항성이 얼마나 멀리 떨어져 있는지에 대해 어떻게 생각했는지 알아보자. 그는 뒤뜰로 가서 손전등으로 베텔기우스를 가리키라고 말했다. 베텔기우스는 오리온 별자리에 위치한 밝은 항성이대(별자리란 지구에서 보았을 때 여러 별들이 만들어내는 모양이나 형태를 뜻한다). 손전등 불빛은 그 항성에 도착하기 위해 몇 억 킬로미터를 여행해야 한다. 그 빛이 베텔기우스에 도착하는 수백 년 후, 여러분은 이 세상 사람이 아니다. 어쩌면 그 빛이 베텔기우스에 도착할 때쯤에는 여러분의 증-증-증-증-증-증손자가 살고 있을 것이다.

하지만 항성으로 가는 여행을 꿈꿀 수는 있겠지. 태양계를 지나 지구에서 가장 가까운 항성은 센타우루스 자리의 알파별이다. 이 항성도 너무 멀리 있어서 과학자들은 거리를 측정하기 위해 특별한 단위를 사용한다. 즉, 광년이다. 광년은 빛이 1년 동안 여행하는 거리다. 이는 약 10조 킬로미터이다. 1광년은 너무 멀어서 지구를 2억 3,600만 번 여행하는 것과 같다. 센타우루스 자리의 알파별은 우리에게서 4광년 이상 떨어져 있다.

오늘날의 우주선으로는 가장 가까운 항성 여행조차 너무 오랜 시간이 걸린다. 예를 들어, 현재 우주 비행사들은 2~3일이 지나야 달에 도착할 수 있다. 하지만 가장 가까운 항성이라 해도 달보다 1억 배 더 멀다. 오늘날의 우주선을 사용하여 그곳에 도착하려면 아마 100만 년은 걸릴 것이다. 그런 여행을 하고 싶은 사람은 거의 없겠지!

비록 우주선이 거의 빛의 속도로 운행할 수 있다 하더라도 가장 가까운 항성까지 갔다가 돌아오는 데는 8년 이상이 걸린다. 여러분은 8년을 좁은 우주선 안에서 보내고 싶은가? 사실 그럴 필요는 없다. 지구에 있는 사람들에게는 8년의 시간이 흐르겠지만 우주선 안에 있는 사람들에게는 훨씬 더 짧은 시간이다. 그것은 아인슈타인의 상대성 이론에 기초한 생각이다. (70쪽 '빛이 아주 천천히 움직인다면 어떻게 될까' 편을 참고하라).

"아직 멀었나?"

은하계 중심으로 여행가는 것은 어떨까

가장 가까운 항성에 가는 여행이 생각만 해도 끔찍하다면, 은하계 중심으로 여행을 가는 것은 어떨까? 이 여행이 오히려 약 2,500만 배 더 멀다.

은하계는 태양계를 비롯하여 약 1,000억 개의 항성들로 구성되어 있다. 망원경 없이는 이들 1,000억 개의 항성 중에서 아주 적은 일부만을 볼 수 있다. 나머지는 맨 눈으로 보기에는 너무 흐리거나 멀리 있다.

사실, 청명한 밤에 여러분이 볼 수 있는 별들 중 2,000여 개마다 하나는 은하계에 속한 것이다. 우리는 그 안에 있기 때문에 은하계의 실제 모습은 제대로 볼 수 없다. 우리 태양은 그 가장자리에서 약 3분의 1 위치에 있다. 은하계 안에서 태양과 모든 항성들은 중심을 기준으로 아주 천천히 돌고 있다. 이 회전 때문에 은하계는 납작한 모양이 된다. 피자 만드는 사람이 반죽을 돌리다가 공중에 던졌을 때 평평해지는 모습을 상상해보아라.

여러분은, 피자는 빨리 돌려야 납작해지는 데 은하는 왜 아주 천천히 도는데도 납작해지는지 그 이유가 궁금한가? 그것은 은하가 피자보다 훨씬 더 크기 때문이다. 은하의 대부분은 중심축에서 아주 멀리 떨어져 있다. 축에서 멀리 떨어져

162

순환하는 물체는 더욱 쉽게 밖으로 날아간다. 따라서 은하처럼 커다란 물체는 빨리 돌지 않아도 밖으로 퍼지는 것이다(28쪽의 '돌고 돌고 돌고 돌기'를 참고하라).

만약 우리가 은하계 중심에 도착한다면, 아주 다른 모습일 것이다. 은하계 중심에는 우리가 있는 외부보다 훨씬 더 많은 항성들이 존재할 것이며 훨씬 더 가까이 위치할 것이다. 우리는 또 거대한 블랙홀을 발견할 수도 있다. 그곳에는 절대 가까이 가지 말아라!

우리가 은하계 내부에 있다는 사실을 어떻게 알 수 있을까

은하계는 평평하고 우리는 그 안에 있기 때문에 다른 방향에서 보면 아주 다르게 보인다. 예를 들어, 시골에서 어두운 밤 하늘을 올려다보아라. 하늘을 가로지르는 아주 희미한 유백색 띠를 볼 수 있을 것이다. 그 띠가 은하계를 은하수라 부르는 이유이다. 그것은 실제로 은하계의 가장자리 모습이다. 많은 항성들 때문에 유백색 띠처럼 보이는 것이다.

만약 그 유백색 띠가 있는 곳까지 여행할 수 있다면, 하늘이 얼마나 텅 비어 있는지 놀라게 될 것이다. 여기서는 별들이 아주 가까이 있는 것처럼 보이겠지만, 은하계의 대부분은 텅 빈 공간이다. 만약 여러분이 테니스 공 12개를 미국 전역에 흩어놓는다 해도, 은하계 안의 별들보다 그 공들이 서로 더 가까이 위치한 셈이다.

다른 은하로 여행을 가면 어떻게 될까

은하계 중심까지 가는 것도 아주 긴 여행이라는 것을 여러분은 알고 있다. 다른 은하로의 여행은 그보다 훨씬 더 멀다. 그러나 놀랍게도 다른 은하들도 은하계와 같은 지역에 있다. 은하계의 이웃 은하들을 국부 은하군이라 부른다. 가장 가까운 이웃 은하는 안드로메다 은하이다.

맑은 밤하늘에서 안드로메다 은하는 흐린 점처럼 보인다. 그러나 안드로메다 은하는 너무 멀리 떨어져 있어서 여러분이 보는 빛은 약 200만 년 전에 출발한 것이다. 따라서 안드로메다 은하까지의 거리는 은하계 중심까지 거리의 약 60배나 된다.

안드로메다 은하는 은하계와 아주 유사하며 약 3,000억 개의 항성으로 구성되어 있다. 만약 여러분이 1초에 별 하나를 센다면 안드로메다 은하 안의 별을 전부 세는 데는 9,000년 이상이 걸린다. 그때쯤이면 아마 안드로메다 은하로 우주선을 보낼 수 있을지도 모르겠다.

여러분이 다른 은하로 여행갈 수 있다고 상상해보자. 여러분은 안드로메다 은하로 향하는 우주선 안에 있다. 일단 은하계를 떠난다면 하늘은 믿을 수 없을 만

164

큼 깜깜하다.

오직 은하 안

에서만 눈에 보

이는 별들이 있기

때문이다. 은하 사이에는 눈에

보이는 별이 존재하지 않는다.

와! 그러면 이것은 뭘까? 여러분이 타고 있는 우주선이 거대한 무엇과 부딪혔다. 경고:은하 사이 공간은 정말로 텅 빈 것이 아니다. 과학자들은 그곳에 '암흑 물질'이라는 '물질'이 있다고 생각한다. 우리는 그것을 볼 수 없고 그 물질이 무엇인지 아무도 알지 못하기 때문에 과학자들은 암흑 물질이라고 부른다(암흑 물질이 존재한다고 생각하는 근거를 알기 위해서는 아래 '암흑 물질에 대해 어떻게 알 수 있었을까'를 참고하라). 어쩌면 우리가 볼 수 있을 정도로 밝지 않은 별들이거나 이미 다 타버린 별들일 수도 있다.

암흑 물질에 대해 어떻게 알 수 있었을까

우주 안 대부분의 물체들은 너무 떨어져 있어서 서로 부딪히는 경우가 매우 드물다. 하지만 인력 때문에 아무리 멀리 떨어져 있다 해도 그들은 서로를 잡아당긴다. 여러분이 그 존재를 볼 수 없다 해도 다른 물체에 대한 인력 때문에 어떤 것이 있다는 사실을 알 수 있다. 이것이 다른 항성이 행성을 갖고 있음을 알 수 있는 방법이다. 행성들이 항성 주위를 돌 때, 행성들의 인력은 항성에 영향을 주어, 항성이 작은 궤도를 그리며 돌게 만든다. 은하는 우주 안에서 움직인다. 그리고 은하들 사이에 작용하는 인력은 다른 은하의 운동을 변화시킨다. 그러나 은하들 속에는 그들이 지금 방식대로 움직이게 만들 만한 충분한 물질이 존재하지 않는다. 다른 무엇이 은하를 잡아당기고 있음이 분명하다. 우리는 그 다른 무엇을 암흑 물질이라 부른다.

우주 가장자리로 갈 수 있다면 어떨가

정말로, 정말로 긴 시간이 걸린다고 생각하는가? 사실, 이 질문은 잘못됐다. 우주는 우리가 하늘에서 볼 수 있는 모든 것─모든 행성, 항성, 은하, 그리고 우리 눈에 보이지 않는 모든 것까지─을 포함한다. 우주에는 가장자리가 없다. 여러분이 우주 안의 어느 곳을 가든 상황은 매우 비슷할 것이다. 은하들─항성들로 이뤄진 거대한 무리─은 사방으로 뻗어나가고 있을 것이다.

은하는 왜 모두 물러나는 걸까? 우주 안의 은하는 약 150억 년 전 일어난 거대한 폭발 때문에 멀리 날아가는 중이다. 우주를 탄생시킨 것으로 믿는 그 폭발을 빅뱅(big bang)이라 한다. 이런 모습을 이해하기 위해 은하들을 거대한 풍선 위에 찍은 무수한 점이라고 가정해보자. 풍선은 우주이다. 그리고 풍선은 점점 더 커지고 있다. 점 위에 앉은 여러분의 모습을 그려보자. 풍선이 점점 커짐에 따라 여러분은 다른 점들이 여러분에게서 더 멀어지는 것을 보게 된다.

과학자들이 망원경을 통해 점점 더 멀리까지 우주를 관찰할 수 있게 되면서 더욱 더 많은 은하를 목격하게 되었다. 비록 어떤 움직임도 볼 수 없지만 과학자들은 이들 은하 대부분이 우리로부터 멀어지고 있음을 안다. 어떻게 그럴 수 있을

166

까? 은하가 우리에게서 멀어질 때, 그들로부터 온 광파는 더욱 길어진다. 따라서 광파의 색이 점점 붉어진다. 이 적색편이는 157쪽에서 우리가 다뤘던 도플러 효과의 예다. 적색편이는 은하가 우리로부터 멀어지고 있음을 증명한다. 은하가 멀어질수록, 더 빨리 멀어진다. 그래서 적색편이는 더 강해진다.

멀리 있는 별이나 은하로부터 지구까지 빛이 도착하는 시간은 그것이 얼마나 멀리 있느냐에 따라 달라진다. 다른 은하에서 출발한 빛이 우리 눈에 보이기까지 수백 또는 수십 년이 걸린다. 지금 우리가 보는 별빛은 멀리 있을수록 더 일찍 출발한 것이다. 따라서 우주를 바라볼 때 우리는 사실, 과거를 보는 셈이다.

우리가 우주에서 볼 수 있는 가장 먼 물체는 아마도 150억 광년 떨어져 있을 것이다. 그 빛은 매년 1광년을 이동한다. 따라서 150억 년 전에 출발했을 것이다. 만약 더 멀리까지 볼 수 있다면, 우리는 우주의 탄생—빅뱅 시대—시간을 거슬러 목격하게 될지도 모른다.

what if? 지적인 외계인이 있을까

여러분은 어떻게 생각하는가? 충분히 가능한 얘기다. 어떤 천문학자들은 우주에 생명체가 살 수 있는 행성이 적어도 1조 개가 있다고 믿는다(1조는 10억이 1,000개, 즉 1,000,000,000,000). 우리의 안락하고 작은 지구가 이 1조 개의 행성 중 유일하게 지적인 생명체가 존재하는 곳이라고 생각하는 것이 옳을까? 아마 그렇지 않을 것이다. 대부분의 과학자들은 적당한 환경 아래서는 생명이 저절로 발생한다고 믿는다.

가능성이 너무도 유혹적이어서 과학자들은 이미 외계인의 소리에 귀기울이는 노력을 하고 있다. 그들은 먼 항성이나 행성에서 외계인들이 보내는 무선 신호가 있는지 알아보기 위해 거대한 전파 망원경을 사용한다. 전파 망원경은 평범한 망원경과는 아주 다르다. 그것은 위성 TV의 접시형 안테나와 비슷하며 유사한 방식으로 작동한다. 라디오와 TV 신호는 우주를 통과할 수 있다. 비록 무선 신호는 먼 거리를 이동하면서 점점 약해지기는 하지만 강력한 전파 망원경을 이용하면 포착이 가능하다.

그러나 그런 일은 결코 만만치 않다. 문제는 우리가 현재 우주에서 자연적인 무선 신호를 받는다는 사실이다. 사실 목성을 비롯하여 몇몇 행성들은 무선 신호를 방출한다. 하지만 그것을 생명의 신호라고 생각하는 사람은 없다. 무선 신호 중 어떤 것이 자연적인 것이고, 어떤 것이 외계인이 방송하는 것인지 어떻게 구별한단 말인가?

프랭크 드레이크라는 과학자는 여러 해 동안 외계인이 보내는 신호를 기다렸다. 오즈마 계획(가까운 항성의 전파를 수신하여 외계인의 존재를 확인하려는 미국 우주실험 계획의 하나)이란 이름의 실험에서 그는 600개 이상의 별들에게 단파를 맞췄다. 만약 외계인들이 우리와 연락하려 노력한다면 "안녕!"이라고만 말하고 돌아가지는 않으리라고 그는 생각했다. 그는 끊임없이 반복되는 신호의 패턴을 들으려 노력했다. 만약 (–)가 긴 신호이고 (·)이 짧은 신호라면 외계인의 메시지는 다음과 같을 수 있다. "(·)(–)(·)( )(·)(–)(·)." 이것은 배에서 보내는 일종의 조난 신호 S.O.S.(Save Our Ship 우리 배를 구해달라 또는 Save Our Spaceship 우리 우주선을 구해달라)이다. 그러나 정말로 외계인의 신호라고 생각하기 위해 여러분은 좀더 복잡한 메시지를 듣고 싶을지 모르겠다.

지금까지 드레이크를 비롯한 어떤 과학자도 외계인의 메시지를 받지 못했다. 그러나 드레이크는 가만히 앉아서 외계인이 우리에게 전화하기만을 기다리지 않겠다고 결심했다. 우리가 직접 메시지를 보내면 안 되는 이유라도 있는가? 드레이크의 무선 메시지는 1,678개의 (·)과 (–)로 만들어졌다. 만약 외계인들이 정말로 똑똑하다면 그 신호들을 합쳐서 지구의 생명체에 관한 중요한 사실들을 보여주는 그림을 그릴 수 있을 것이다. 원자의 구조부터 인간의 모습에 이르기까지. 그 신호는 2만 5,000년경에는 '메시에(은하계 내부 별들의 무리)'에 도착할 것이다. 그때쯤이면 우리는 외계인들과 악수를 하게 될지도 모르겠다.

"이봐! 이봐, 친구!"

what if?
아주 작은 외계인들이 지구에 착륙하면 어떻게 될까

우리는 어쩌면 그들을 알아보지 못할지도 모른다. 이상하게 생긴 곤충을 보게 되면, 그것이 어디에서 온 것인지 한번 생각해보기 바란다(농담이다!).

보통 외계인을 생각할 때, 그들이 우리와 비슷한 크기일 거라고 상상한다. 하지만 곤충 크기의 외계인이 지구에 도착한다면 어떻게 될까? 곤충 크기의 외계인들이 지구로 오는 길을 찾을 수 있을까? 그 외계인들은 우주선을 비롯한 고도의 기술을 발전시키기 위한 두뇌를 가지고 있어야 할 것이다. 머리가 부족한 곤충이 복잡한 기술을 발전시키리라고 상상하기는 힘들다. 다른 행성에서는 우리가 두뇌라고 부르는 것이 핀 끝처럼 작을 수 있을까? 과학자들은 아주 작은 컴퓨터 칩을 만들 수 있다. 그러나 컴퓨터 칩은 컴퓨터가 아니다. 두뇌의 복잡성은 세포 수에 달려 있다. 그리고 세포는 어떤 최소한의 크기를 가져야만 한다. 따라서 인간의 두뇌처럼 복잡한 컴퓨터는 그렇게 작지 않을 것이다. 만약 존재한다 하더라도 곤충 크기의 두뇌는 아마도 아주 똑똑하지는 못할 것이다.

외계인이 아주 작다면 어떻게 될까

외계인이 세균 정도의 크기라면 어떻게 될까? 너무 작아서 현미경을 통해서만 볼 수 있다면? 이 외계인들이 영리할 수는 없다. 우주선을 타고 오지도 않았을 것이다. 그러나 운석을 타고 왔을 수는 있다. 몇몇 과학자들은 수십억 년 전에 바로 그런 방법으로 지구상에서 생명이 시작되었다고 추측한다.

그러나 비록 곤충 크기지만 지적인 외계인이 있
다고 가정해보자. 만약 우리가 그들과 은하간
전쟁을 벌인다면 어떻게 될까? 단지 덩치가
크다는 이유만으로 우리가 이기리라고 생각할
수는 없다. 작은 외계인들이 우리
보다 훨씬 뛰어난 기술력을 보
유했을 가능성이 아주 높다.
그렇지 않다면 그들은 지구에
도착하지 못했을 테니까. 발
전된 기술을 가진 작은 외계인
들은 우리 거인들과의 전쟁에서
이길지도 모른다.

본부 나와라. 여기는 스라조르 정찰 우주선이다.
토양 분석 결과 방부제가 포함된
거대한 돼지고기 부산물로 판명되었다.

작은 외계인의 긴 이야기

어떤 과학소설에 따르면, 외계인들은 지구에 특정한 시간과 장소에 그들이 도착할 것이라는 메시지를 보
낸다. 정부는 외계인을 성대하게 환영할 준비를 한다. 심지어 군악대를 초대하고, 배고픈 외계인들을 위해
핫도그 매점까지 마련한다. 그러나 그곳에서 기다리던 사람들은 어느 것도 보지 못한다. 지구인들은 외계
인들이 길을 잃었음에 틀림없다고 생각한다. 외계인들의 최후 무선 방송은 그들이 마지막으로 본 모습을
설명했다. 주변에 풀이 울창한 거대한 동굴 안으로 빨려들어갔다는 내용이었다. 결국 그 작은 외계인들은
누군가의 핫도그(양배추로 덮인)에 착륙하여 사람에게 먹힌 것이다.

what if?

외계인이
땅 속에 산다면

사람들은 외계인을 방해하지 않기 위해 깊게 유정(油井) 파는 일을 피할지도 모른다. 외계인들이 나올 수 있는 지하 동굴 근처에 가고 싶어하지 않을 수도 있다. 여러분은 어쩌면 외계인이 지하에서 산다는 주장이 너무 어리석다고 생각할 수도 있다. 그러나 최근에 과학자들은 지하에 일종의 외계 생명체가 정말로 존재한다는 사실을 발견했다.

이 생명체를 극한미생물이라 한다. 다시 말해 깊은 땅 속처럼 다른 어떤 종류

생명의 나무

지구의 생물들은 나무가 자라는 것과 아주 비슷한 방식으로 진화했다. 큰 줄기에서 시작해서 시간이 지남에 따라 여러 개의 가지를 뻗는 것이다. 생명체는 처음에 하나의 큰 줄기에서 시작되었다. 생물이 진화함에 따라 다른 종류가 나타났다. '생명체의 나뭇가지'가 여러 개의 가지로 나눠졌다고 말할 수 있다. 가지 하나에는 모든 박테리아가 포함된다. 그것은 단세포 유기체이다. 또 다른 가지에는 모든 식물, 동물, 균류(균류에는 버섯과 곰팡이가 포함된다)가 속한다. 그리고 이제 우리는 세 번째 가지를 찾아냈다. 극한미생물이 그것이다.

극한미생물은 지구 도처에서 아주 흔하게 발견된다. 비록 최근까지 그들의 존재를 알지 못했지만 말이다. 사실, 오늘날 과학자들은 미세한 지하 생물체의 무게 전체가 지표면에 사는 모든 생물의 무게를 합친 것보다 더 많이 나간다고 생각한다.

의 생명체도 존재할 수 없는 극한의 상황을 좋아한다는 뜻이다. 하지만 아무도 극한미생물이 우주에서 온 외계인이라고는 믿지 않는다. 그러나 극한미생물은 우주 또는 다른 행성의 가혹한 환경에서도 살 수 있을 것이다.

극한미생물은 316도보다 더 뜨거운 해저 화산 분출구에서 발견되었다. 그곳은 물이 끓는 온도(100도)보다 훨씬 더 높다. 또 그들은 버지니아 주 땅 속 3.2킬로미터 아래에서도 발견되었다. 한때 과학자들은 환경이 적당하지 않으면 생명체는 발생할 수 없다고 생각했다. 지구에 이런 생명체가 존재한다는 것은 과거에 판단했던 것보다 더 넓은 범위의 우주 환경에서 생명체를 발견할 수 있음을 의미한다. 예를 들어, 목성의 위성 중 하나인 유로파에는 지하에 바다가 존재한다고 생각한다. 어쩌면 유로파의 바다는 극한미생물들이 살기에 아주 좋은 장소일지도 모른다.

지구를 다시 바라보게 된 과학자들은 극한미생물들이 아주 강해서 해저 화산 내부에 녹아 있는 용암 안에서도 살 수 있다고 생각한다. 그들은 산성에서도 헤엄치며 녹아 내린 바위에서도 먹이와 에너지를 얻을 수 있다. 극한미생물들은 지구의 어떤 생물들과도 달라서 과학자들은 그들을 다른 종류의 생명체로 간주한다. 박테리아와 동식물이 다른 것처럼 말이다.

인간과 비슷한 외계인이 지구에 온다면

어떻게 될까

어떤 우주선이 도착한다 하더라도 인간과 비슷한 생물이 걸어나올 가능성은 거의 없다. 영화에서 외계인들은 놀라울 정도로 지구인과 닮은꼴이다. 때로 아주 작은 차이만 있을 뿐이다. 뾰족한 귀나 끈적끈적한 피부로만 구분이 가능할 정도로. 그러나 만약 외계인이 언젠가 실제로 지구에 온다면, 우리와 전혀 다른 모습일 것이다.

한번 생각해보아라. 다른 행성에서 태어난 생물체는 그 행성에서의 삶에 익숙할 것이다. 인간과 아주 비슷한 외계인이 존재하려면 그 외계인의 고향 행성은 지구와 아주 비슷해야 한다. 그러나 외계인의 고향은 여러 면에서 지구와 다를 가능성이 매우 높다. 예를 들어, 더 따뜻하거나 더 춥거나, 중력이 더 강하거나 약하거나 또는 다른 종류의 대기권이 존재할 수 있다. 이런 차이는 그 외계 행성에 사는 생물에게 영향을 미칠 것이다.

이를테면, 중력이 강한 행성에서는 외계인들이 지구의 생물보다 더 작을 것이

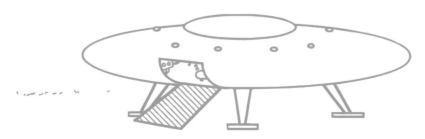

만약 외계인의 고향 행성이 지구와 같다면 어떻게 될까

그래도 외계인이 우리와 비슷할 것 같지는 않다. 생물의 모습과 능력은 몇 백만 년에 걸쳐 진화하고 변화한다. 이 변화를 통해 살아남은 생물은 주변 환경을 더욱 잘 이용할 수 있게 된다.

만약 같은 생물이 사는 같은 행성 두 개가 있었더라도, 각각의 행성에서는 다른 일이 발생할 것이다. 어쩌면 한 행성이 거대한 운석과 충돌할지도 모른다. 몇 백만 년 후, 행성들은 분명히 다른 모습일 것이다. 그 위에 사는 생물들도 마찬가지다.

다. 만약 그들이 지구 생물과 같은 크기까지 성장하려면 강한 중력 때문에 무거워진 체중을 지탱하기 위해 아주 튼튼한 다리가 필요할 것이다. 그런 다리로는 운송수단 없이 돌아다니지 못할 것이다. 아주 추운 행성에서는 대부분의 생물들이 체온을 유지하기 위해 아주 두껍고 털이 많은 외피를 갖고 있을 것이다.

외계인들이 인간과 아주 비슷할 수 있는 방법이 한 가지 있다. 스타트렉(미국 공상과학영화)의 내용과 비슷하다. 어쩌면 인간은 오래 전 그들의 고향 행성을 떠나 지구에 도착한 외계인들의 후손일지도 모른다. 그러나 만약 그들이 매우 오래 전에 왔다면, 지금의 우리는 외계인 조상과 다르게 발전했을 것이다. 더이상 같은 모습이 아닐 것이다. 어떤 과학자들은 지구의 생명체는 우주를 떠다니던 '세균'이나 '씨앗'에서 시작되었다고 생각한다. 그러나 비록 지구상의 모든 생물이 우주에서 온 씨앗에서 시작되었다 할지라도, 인간은 사람과 비슷한 모습의 외계인에서 진화한 것이 아니라 지구에 살았던, 유인원과 같은 조상에서 진화했다고 믿는다.

외계인들이 개하고만 얘기한다면 어떨까

착한 외계인이 나오는 영화에서 외계인들은 늘 인간이 지구에서 대화를 나눌 만한 종임을 아는 것처럼 보인다. 외계인들은 심지어 우리말을 한다. 어쩌면 그들은 우리가 방송하는 모든 라디오와 TV 프로그램을 수신하고 이곳 언어를 배웠을 수도 있다. 그러나 만약 외계인들이 지구에 도착하여 사람이 아니라 개하고만 대화를 나누고 싶어한다면 어떻게 될까? 이것은 개가 가장 영리한 종이란 뜻일까?

반드시 그런 것은 아닐 것이다. 외계인들이 우리의 방식대로 세상을 보지 않는다는 뜻일 수도 있다. 길거리에서 개를 산책시키는 사람들을 보면 때로는 개가 사람을 끌고가는 것처럼 보이지 않는가? 실제로 개는 주인을 끌고 앞에서 달린다. 게다가 주인은 개의 배설물까지 치워야 한다.

요점은 우리가 외계인에 관해 생각할 때, 인간처럼 생각하기를 그만둬야 한다는 것이다. 그것은 거의 불가능하다. 왜냐하면 우리는 인간이니까. 하지만 눈을 감았다가 다시 떠라. 마치 여러분이 다른 행성에서 온 것처럼, 외계인인 것처럼 세상을 바라보아라.

외계인이 벌써 도착했다고요?

어떤 사람들은 외계인이 벌써 지구에 도착했는데 정부가 그 사실을 감추고 있다고 주장한다. 외계인들이 자신을 그들의 우주선으로 데려가 온갖 의학 실험을 했다고 주장하는 사람들도 있다. 대부분의 과학자들은 외계인이 우주에 정말로 존재한다고 생각한다. 하지만 외계인에 관한 그런 이야기는 단지 상상에 불과하다고 말한다. 외계인이 정말로 도착했다고 믿기에는 더 많은 정보가 필요하다는 것이다. 여러분은 어떻게 생각하는가?

지구에 도착했을 때 여러분이 보게 될 모습을 생각해보라. 고속도로를 달리는 몇 백만 대의 자동차를 보게 될지도 모른다. 자동차가 외계인이라고 생각하는 것이 말이 되는가? 어쩌면 자동차 안의 사람들은 외계인의 뇌처럼 보일 수도 있다. 여러분이 탄 우주선이 착륙했을 때, 모든 자동차들은 이상한 삑삑 소리와 경적 소리를 낸다. 어쩌면 여러분은 그 외계인들이 여러분과 대화를 나누는 중이라고 생각할지도 모른다.

어쨌든 만약 외계인과 개가 서로 대화를 시작한다면, 우리 인간들은 상당한 문제에 맞닥뜨릴 것이다. 우리는 개나 외계인의 언어를 이해할 수 없다. 개가 사람 앞에서 재롱부리는 대신, 사람이 개한테 외계인과 무슨 얘기를 했는지 알려달라고 부탁해야 할 것이다. 어쩌면 그들의 언어를 배우기 위해 진지하게 개를 연구하기 시작할지도 모른다. 멍멍!

옮긴이의 글

"왜 물건은 위로 솟지 않고 아래로 떨어지나요?"

"왜 컴퓨터는 사람처럼 생각할 수 없나요?"

"우리 눈이 세 개라면 어떨까요?"

"정말 우주인이 있나요?"

두 아이의 엄마인 나는 엉뚱한 질문을 해대는 아이들 때문에 때때로 당황하곤 한다. 이런 아이들의 질문에 쉽고 재미있으면서, 동시에 과학적인 대답을 해줄 수는 없을까? 쉽지 않은 일이다. 처음에는 적당한 대답을 찾아 이리저리 궁리해보다가 마침내 윽박지르기 일쑤이다. 그런 분들에게 이 책은 꼭 필요하다. 지구, 날씨, 빛, 소리, 시간, 중력, 우주 등에 관해 아이들이 가장 궁금해 할 만한 질문들이 수두룩하기 때문이다. 그 질문들에 대한 대답은 아주 간단하다. 하지만 거기서 끝나지 않는다. 과학적인 지식을 바탕으로 조근조근 설명해주고, 그 질문에서 한걸음 더 나아갈 수 있는 또 다른 질문을 던진다. 그에 대한 대답 역시 쉽고 명료하다. 하지만 우리는 얼마든지 상상의 날개를 펼 수 있다.

학구열이 대단한 우리나라이지만 기초 과학 분야 노벨상 수상자는 한 명도 배출하지 못한 것이 현실이다. 노벨상이 뭐 그리 대단하냐고 말하는 사람도 있을 수 있다. 하지만 그렇게 말하는 사람도 우리 기초 과학이 부실하다는 사실은 인정할 것이다. 이웃 일본만해도 과학 분야 노벨상 수상자를 12명이나 배출했다. 이것은 우연이 아니다. 그만큼 기초 과학 분야에 투자하고 육성했기 때문이다. 그런데 우리 사회는 알게 모르게 기초 과학 분야를 홀대하고 우수 인력들이 떠나가는 것을 우두커니 바라보기만 했다. 그 결과는 참담했다.

흔히들 아직도 늦지 않았다고 말한다. 당연하다. 결코 늦지 않았다. 우리 아이들에게 호기심을 빼앗을 것인지, 그 호기심을 키워줄 것인지는 우리 모두의 몫이다.

고백하건대, 중·고등학교 과학시간에 선생님의 설명을 이해하지 못하고 고개만 갸우뚱거렸던 나였다. 그런데 이 책을 우리말로 옮기면서 늦깎이로 과학에 흥미를 갖고 고개를 끄덕이며 정말 맛있게 번역했다. 많은 종류의 훌륭한 아동용 과학서가 출판되었지만 사실 아이들의 입장에 서서, 마치 등의 가려운 부분을 콕 집어 긁어주는 듯한 책은 그리 많지 않았다. 이 책은 아이들뿐만 아니라 자녀의 무한한 호기심에 물을 주고 싶은 엄마들에게 꼭 권하고 싶다.

2003년 4월

박정숙

용어 설명

계성운(Crab Nebula)   황소자리의 성운. 1054년 6월 황소자리에서 초신성이 나타났다는 기록이 중국 역사에 있으며, 계성운은 이 초신성의 잔해로 보인다. 성운이 게딱지 모양으로 생겨 계성운이란 이름이 붙었다.

광년   빛이 진공 속을 1태양년 동안 진행하는 거리를 가리킨다. 천문단위(AU) · 파섹(pc)과 더불어 멀리 떨어진 천체들 사이의 거리를 재는 데 쓰인다.

구전(ball lightning)   천둥, 번개와 함께 비가 한창 심할 때 또는 그 직후에 비교적 낮은 공간을 적황색 빛을 내면서 천천히 떠다니는 공 모양의 번개를 일컫는다. 어떤 해도 끼치지 않으며, 폭발하여 갑자기 사라져버린다.

국부 은하군   은하계와 주위의 외부은하들로 이루어진 은하 무리로, 반지름은 300~400만 광년이다. 일곱 개의 나선 은하(은하계 · 안드로메다 은하 · 삼각형자리 은하 등), 세 개의 불규칙 은하(대마젤란 은하 · 소마젤란 은하 등), 네 개의 타원 은하(안드로메다 은하의 동반 은하 등)와 기타 왜소타원 은하 등 20여 개의 은하로 이루어져 있다.

나선 은하(spiral galaxy) 나선팔을 가지고 있는 은하. 중심부에 공 모양의 은하핵이 있고, 거기에서 두 개 또는 그 이상의 팔이 뻗어나와 소용돌이를 이루고 있다. 외부 은하의 대부분이 나선 은하로 안드로메다 은하, NGC 3031, NGC 1300 등이 대표적인 나선 은하이다. 우리 은하인 은하계는 안드로메다 은하와 비슷한 나선 은하이다.

대량 멸종 한때 번성했던 생물이 일시에 전부 멸망하는 것을 가리키는 말이다. 이러한 대량 멸종은 지질 시대를 통틀어 여러 차례 되풀이해 일어났다.

도플러 효과 파원에 대하여 상대속도를 가진 관측자에게 파동의 주파수가 파원에서 나온 수치와는 다르게 관측되는 현상. 예를 들어, 기차가 양쪽에서 지나칠 때 상대 기차의 기적소리가 가까워질 때는 크게 들리고, 서로 멀어질 때는 작게 들리는 것은 도플러 효과 때문이다.

동기 궤도 위성의 주기가 행성의 자전 주기와 같아서 행성에서 위성을 보았을 때 위성이 정지한 것처럼 보이는 궤도를 말한다.

DNA 핵산의 일종으로 유전자의 본체. 핵산은 뉴클레오티드(nucleotide)라고 하는 단위물질이 많이 연결된 고분자 유기물이다. 이 뉴클레오티

드는 염기, 탄수화물의 일종인 펜토오스(pentose), 그리고 인산이 각 한 분자씩 결합하
여 구성된 것인데, 펜토오스가 디옥시리보오스(deoxyribose)이면 DNA(디옥시리보핵
산)라 하고, 리보오스이면 RNA(리보핵산)라고 구별하여 부른다.

만유인력　모든 물체 사이에 보편적으로 작용하는 인력.

바이오스피어 2(Biosphere 2 : Biosphere는 생태계를 가리킴)　미래 우주도시 건설이나 지
구의 미래 환경을 위한 자료를 얻기 위해 지구의 생물권과 비슷하게 만든 인공 생물권.

백색왜성(white dwarf)　항성 진화에서 마지막 단계에 이른 축퇴된 물질로 이루어졌다. 질
량은 태양의 1.4배 이하(대체로 0.7배)이고, 크기는 평균적으로 지구만하다. 평균 밀도
는 $0.6t/cm^3$로 매우 높다. 태양 질량의 수배인 별에서 태양보다 약간 적은 질량을 가진
별들이 일생을 지나는 마지막 단계에서 백색왜성이 된다. 이 별은 핵융합반응을 일으키
지 않고, 내부의 열 에너지를 방출하면서 천천히 식어가다가 마침내 빛을 내지 못하는
흑색왜성으로 그 일생을 마친다.

베르누이의 원리　유체(액체와 기체의 총칭)의 유속과 압력의 관계를 수량적으로 나타낸 법
칙. 유체 역학의 기본 법칙 중 하나이며, 1738년 D. 베르누이가 발표하였다. 이 원리는
유체의 위치 에너지와 운동 에너지의 합이 항상 일정하다는 내용을 포함하고 있으나 점
성을 무시할 수 있는 완전 유체가 규칙적으로 흐르는 경우에만 적용할 수 있고, 실제 유
체에 대해서는 적당히 변형된다.

블랙홀　아인슈타인의 일반상대성 이론에 근거를 둔 것으로, 물질이 극단적인 수축을 일으

키면 그 안의 중력은 무한대가 된다. 그러면 빛·에너지·물질·입자 등 어느 것도 그 안에서 탈출하지 못한다. 블랙홀의 생성에 대해서는 두 가지 설이 있다. 첫째는 태양보다 훨씬 무거운 별이 진화의 마지막 단계에서 강력한 수축으로 생긴다는 것이다. 둘째는 약 200억 년 전 우주가 대폭발(Big Bang)로 창조될 때 물질이 크고 작은 덩어리로 뭉쳐서 블랙홀이 무수히 생겨났다는 것이다.

빅뱅(big bang)   우주가 태초에 대폭발로 시작되었다는 이론에서 대폭발을 가리키는 용어이다. 1920년대 A. 프리드만과 A. G. 르메트르가 제안했으며, 1940년대 G. 가모에 의해 현재의 대폭발론으로 체계화되었다. 이 우주론은 멀리 떨어진 은하일수록 은하계로부터 빠른 속도로 멀어지고 있다는 사실과 3K라는 우주배경복사에 근거한다.

센타우루스 자리의 알파별   센타우루스(Centaurus) 자리는 늦봄에서 초여름에 걸쳐 남쪽 하늘에서 보이는 별자리이다. $\alpha \cdot \beta$가 모두 1등성인데, 그 중 α는 온 하늘에서 시리우스·카노푸스 다음으로 밝은 별이다. 거리는 4.3광년, 가장 가까운 별로 알려져 있다.

소행성   태양계의 한 구성원으로, 주로 화성의 공전 궤도와 목성의 공전 궤도 사이에서 태양 주위를 돌고 있는 작은 천체들을 말한다. 소행성은 대단히 작기 때문에 맨 눈으로 볼 수 없어서 1800년 이후에 알려졌다.

쌍성   두 개 이상의 별들이 서로의 인력 때문에 공통 무게중심의 주위를 일정한 주기로 공전하고 있는 항성을 말한다. 일반적으로 관측 방법에 따라 안시쌍성 · 분광쌍성 · 식쌍성의 세 가지로 나눈다. 안시쌍성은 망원경으로 직접 쌍성임을 볼 수 있는 것으로, 공전 주기가 길어서 보통 1년 이상이다. 분광쌍성은 아무리 큰 망원경으로 보아도 하나의 항성인 것처럼 보이나, 그 스펙트럼을 조사하면 근접쌍성임을 알 수 있다. 식쌍성은 분광쌍성 중에서 궤도면이 관측자의 시선 방향에 가까운 경우에, 일식과 마찬가지로 한쪽 별의 앞면을 다른 별이 지나가면서 가리므로 전체의 광도가 어두워지고, 지나가버리면 다시 밝아지게 된다.

안드로메다 자리   안드로메다(Andromeda) 자리는 가을의 초저녁 동쪽 하늘에 보이는 별자리로 이름은 그리스신화에 나오는 케페우스 왕의 딸 안드로메다 공주에서 유래했다.

암흑 물질   관측할 수는 없으나 우주에 대량으로 존재한다고 여기는 물질로 우주 총물질의 90퍼센트 이상을 차지하고 있다. 어떠한 전자기파(전파 · 적외선 · 가시광선 · 자외선 · X선 · 감마선 등)로도 관측되지 않고 중력을 통해서만 그 존재를 인식할 수 있는 물질이다.

우주   천문학의 입장에서 모든 천체, 또는 모든 물질 · 복사가 존재할 수 있는 전 공간.

운석   유성체가 대기 중에서 완전히 소멸하지 않고 지상에까지 떨어진 광물의 총칭. 때로는 일시에 많은 운석이 떨어지는데 이를 운석우(隕石雨)라고 한다.

웜홀(wormholes)   블랙홀과 화이트홀로 연결된 우주 안의 통로. 웜홀을 지나 여행할 경우 훨씬 짧은 시간에 우주의 한쪽에서 다른 쪽으로 도달할 수 있다. 블랙홀은 입구가 되고 화이트홀은 출구가 된다. 블랙홀은 빨리 회전할수록 웜홀을 만들기 쉽고 전혀 회전하지 않는 블랙홀은 웜홀을 만들 수 없다. 하지만 화이트홀의 존재는 증명된 바 없고, 블랙홀의 기조력 때문에 진입하는 모든 물체가 파괴되어서 웜홀을 통한 여행은 수학적으로만 가능할 뿐이다. 웜홀은 벌레가 사과 표면의 한쪽에서 다른 쪽으로 이동할 때 이미 파 먹은 구멍을 뚫고 가면 표면에서 기어가는 것보다 더 빨리 간다는 점에 착안하여 이름지은 것이다.

위성   행성 주위를 행성의 인력에 의해 운행하는 천체. 대개 모행성(母行星)에 비해 지름이 수십 분의 1 이하, 질량은 수만 분의 1 이하이지만 달은 예외(지름 약 4분의 1, 질량 약 100분의 1)이다. 모행성 지구에 대한 비율이 태양계 중 가장 크다. 수성·금성의 위성은 아직 발견되지 않았다. 아마 존재하지 않거나, 존재한다 해도 아주 작을 것이다.

유성(별똥별)   유성체가 지구 대기에 들어올 때 공기와의 마찰로 가열되어 빛을 내는데, 이것을 유성이라 한다.

유성체   태양계 안을 임의의 궤도로 배회하는 바위 덩어리를 일컫는다. 유성체는 조그마한 소행성(반지름 10킬로미터)의 크기에서부터 미소유성체(1밀리미터), 행성간 티끌(~1마이크로미터)에 이르기까지 그 크기가 다양하다.

윤년   태양력법에서 2월이 29일인 해를 가리킨다.

은하 띠 모양으로 늘어서 있는 것처럼 보이는 별들의 무리.

은하수 은빛으로 빛나는 강처럼 보여서 이런 이름이 붙었다. 천하 · 천강 · 천황이라고도 한다. 우리나라나 중국에서는 견우성과 직녀성이 이 강을 건너 7월 7일 칠석날에 만난 다는 슬픈 전설로 유명하다.

적색거성(red giant) 진화 중간 단계의 항성으로, 표면 온도가 낮고 붉게 빛나는 큰 별로 장주기형과 불규칙형 등의 변광성이 많은데 대표적인 별은 베텔기우스이다. 핵에서 일 어나는 헬륨의 핵융합반응과 핵의 외부에서 일어나는 수소의 핵융합반응에 의해 많은 에너지가 공급되면 별을 이루는 기체들의 운동 에너지는 인력을 이기게 되어 별은 수백 만 배나 커진다. 이에 따라 겉 부분의 온도는 내려가서 멀리서 이 별을 관측하는 관측자 에게는 덩치가 큰 붉은 별로 보인다.

적색편이 도플러 효과나 강한 중력장으로 인해 먼 곳에 있는 성운의 스펙트럼 선이 파장이 약간 긴 쪽으로 몰려 있는 현상.

초신성 항성 진화의 마지막 단계에 이른 별이 폭발하면서 생긴 엄청난 에너지를 순간적으 로 방출하여 그 밝기가 평소의 수억 배에 이르렀다가 서서히 낮아지는 현상. 마치 새로 운 별이 생겼다가 사라지는 것처럼 보이기 때문에 초신성이라고 한다. 초신성은 은하를 구성하는 약 10억 개의 별들의 밝기를 모두 합한 것과 맞먹는 정도이다. 그러나 실제로 우리가 가시 영역에서 보는 초신성 에너지는 전체 에너지의 1퍼센트에 불과하다. 폭발 로 인한 충격파와 폭발 후 찌꺼기들은 초신성의 잔해들을 만드는데, 게성운 등이 그 대 표적인 예이며, 폭발 후 약 105년 이상 그 모습을 유지한다. 초신성의 중심에는 중성자

별이나 블랙홀이 형성되는 것으로 알려져 있다. 초신성은 절대등급이 아주 밝기 때문에 은하들의 우주론적 거리 측정 기준으로 사용한다.

중력　지표 부근에 있는 물체를 지구의 중심 방향으로 끌어당기는 힘을 일컫는다.

타원 은하　은하의 분류상 타원체 또는 구형의 은하. 일반적으로 원반부가 없으며, 성간먼지와 성간가스, O·B형 별을 포함하지 않으며 구조도 단순하여 불규칙 구조나 광반은 볼 수 없다. 다른 은하의 기조력에 의해 원반부가 벗겨져 은하의 중심부만 남은 것으로 추측한다.

태양계　태양의 둘레에서 지구를 비롯한 아홉 개의 대행성과 다수의 소행성, 혜성 등이 태양의 인력에 의해 공전하는 천체의 무리를 말한다.

텔레파시(정신감응)　말·몸짓·표정 등 감각적인 것이 전혀 없는 조건에서 타인의 마음(생각·지각·감정)을 감지하는 일. 이 말은 F. W. H. 마이어스(1843~1901)가 처음으로 사용했다.

튜링 테스트　앨런 튜링은 컴퓨터가 사람과 같은 정도의 지능을 가지고 있는지를 측정하기 위해 튜링 테스트를 만들었다. 즉 A가 단말기 앞에 앉아서 커튼으로 가려진 너머의 B와 단말기로 대화를 한다. 그런데 A의 질문에 대해 어떤 경우에는 사람인 B가, 또 어떤 경우에는 기계인 P가 답한다고 하자. 이때 만일 A가 자신의 단말기에 나타난 답을 보고서 그

것이 사람 B가 작성한 것인지, 기계 P가 작성한 것인지 분간할 수 없을 정도라면, 결국 기계 P는 B에 상응하는 지능을 가졌다고 볼 수 있다는 것이다.

항성 태양처럼 스스로 빛을 내는 고온의 천체. 대기가 맑은 밤하늘에서는 6,000여 개의 반짝이는 별들을 볼 수 있다. 이들은 몇 개의 행성과 위성, 소행성들과 혜성 등 태양계에 속해 있는 천체를 제외하고는 모두 스스로 빛을 내며, 마치 천구 상에서 움직이지 않는 것처럼 보여 항성이라 부른다.

행성 태양계에서 케플러의 법칙과 뉴턴의 법칙에 따라 타원 궤도를 가지고 태양 주위를 공전하며 스스로 핵융합반응에 의해 에너지를 생성하지 못하고 태양빛을 반사하여 빛나는 천체.

흑색왜성(black dwarf) 질량이 크지 않은 별은 생명의 끝에 이르면 백색왜성이 되고, 이 백색왜성이 오랜 세월 동안 식어 결국 빛을 낼 수 없게 되면 흑색왜성이라 한다.